# 爱上情绪化的自己

## 理解情绪，悦纳自己

陈皓宜 著

中国出版集团　现代出版社

版权登记号：01-2020-1230

图书在版编目（CIP）数据

爱上情绪化的自己 / 陈皓宜著. —— 北京：现代出
版社，2020.11
　ISBN 978-7-5143-8915-9

　Ⅰ.①爱… Ⅱ.①陈… Ⅲ.①情绪–自我控制–通俗
读物 Ⅳ.①B842.6-49

中国版本图书馆CIP数据核字（2020）第217167号

爱上情绪化的自己


著　　者　　陈皓宜
责任编辑　　杜丙玉
出版发行　　现代出版社
地　　址　　北京市安定门外安华里504号
邮政编码　　100011
电　　话　　(010) 64267325
传　　真　　(010) 64245264
网　　址　　www.1980xd.com
电子邮箱　　xiandai@vip.sina.com
印　　刷　　北京启航东方印刷有限公司
开　　本　　880 mm×1230 mm　1/32
印　　张　　6.5
字　　数　　105千字
版　　次　　2021年2月第1版　2021年2月第1次印刷
书　　号　　ISBN 978-7-5143-8915-9
定　　价　　46.00元

人类在漫长的生物进化过程中，衍生出了各种基本的情绪，如恐惧、愤怒、悲哀等；也受到社会不断进化及文化的影响，进一步发展了比较复杂的情绪，如嫉妒、吃醋、自卑等。

情绪的产生无疑对我们起着非常积极的作用，它既能帮助我们适应不同的环境、推动我们完善各种功能性的行为，也能丰富我们的日常生活体验。

但若情绪失控，导致感受的程度过烈、出现的频率过高、持续的时间过长，便会带来严重的不良后果，这不但可能构成不同的情绪障碍，而且可能减少并削弱我们日常生活的乐趣与功能。

本书作者是一位资深的临床心理学家，每天都要面对来自来访者或病人的各种各样的情绪,帮助他们认识、了解并有效处理过度的情绪问题。

为了向大众普及关于情绪的知识,作者以"爱上情绪化的自己"为主题,深入浅出地为读者介绍了我们日常体验的各种情绪,也毫不吝啬地引用最新的科学和临床发现,为读者解答作者个人认为在情绪方面比较突出的4个问题:

一是情是何物——情绪究竟是什么?不同的情绪有何区别?

二是情有何用——不同的情绪功能是什么?有何积极或负面的作用?

三是情从何来——情绪是如何产生的?不同情绪的生理、心理,以及社会的成因和机制是如何形成的?

四是情何处理——情绪出现问题怎么办?如何有效地处理各种过度的情绪问题?

我相信读者若以这4个问题为阅读框架,便能了解作者在文字间的良苦用心:作者将自己对各种情绪的处理心得和专业知识相结合,并以比较轻松、实用、简明的方式与读者一一细味、分享!

最后，我诚意向大家推荐这本好书，也在此祝愿每一位读者能深入地了解、掌控、享受自己的"人之常情"！

**陈乾元教授**

香港大学临床心理学科副教授

香港中文大学精神科兼任副教授

香港MindCorp主席

# 序二

身为一位精神科医生，我留意到很多人都对自己的情绪不甚了解。我读书时有健教堂（现在应该为常识堂），我们在那里学习关于一般身体机能和疾病的知识，知道了什么是血糖，也知道了血糖不能过高也不应太低。我们会留心饮食、多做运动，希望身体更健康、更少病痛；我们会留心自己的身体是否有不适感，发现问题会设法处理。但你又有多关注自己的精神健康呢？

随着社会的进步，我们对健康的着眼点可能也要有所调整。各种科技和新发明为我们的生活带来了很多便利，身体的劳累可能相对减少了，但随着生活的节奏加快、用脑力的时间增加，我们更应了解和关心自己的精神健康。一切从基本开始,首先要从了解我们的情绪开始。

当我知道陈博士会写一本关于情绪的书时,我觉得很受鼓舞。香港本地出版的关于精神健康的书籍不多,而有关心理的概念,有时会比较抽象难懂。本书图文并茂,可以引发读者共鸣,也可令心理学的概念更明晰。另外,本书也提及情绪背后的生理基础,以及心理与生理之间的关系,这正是我从医多年不断向病人解释的一个概念。

希望各位读者读完本书后,对自己的情绪更了解,更爱惜自己的精神健康。

张复炽医生

广华医院行政总监(前青山医院行政总监)

# 自序

在过去18年的临床心理学家生涯中，我陪伴很多遇上人生难题的朋友走过一段段漫长的路。他们有的受尽精神折磨，无法自行走出生活困局；有的为未发生的事情忧心忡忡……很多时候，他们都受到不同程度的情绪困扰，认为除了快乐以外，其他的情绪都是负面的，都对我们有坏影响。

其实，除了快乐以外，其他情绪如恐惧、愤怒和悲伤等，都是大脑传递的重要讯号，让我们知道自己正在面对一些问题，促使我们做出适应性的行动。由于这些情绪都会带来一些负面的感觉，我们通常会抗拒感受它们，并希望尽量压抑它们。另外，我们更会对一些较复杂的感觉，如焦虑、自卑、嫉妒、吃醋等，抱有排斥的态度，甚至认为它们不应存在。但我必须澄清一件事情：人若不能以开放的态度去接纳人生的各种情绪，就如同否定自己与生俱来的情感讯号一样，那他不但无法真正面对自己，还可能阻碍自己经历以后丰富的人生。

在本书中，我会通过阐述8种不可避免的情绪，让读者逐步了解这些重要的情感讯号。每个章节中列有大家常见及容易产生共鸣的例子，帮助读者明白更多有关脑神经及心理学的知识。而在每个章节的最后，也会有处理各种情绪的可行的方法，让读者直面自己的真正感受。

本书得以面世，我要感谢我的助理何晓微小姐，她在本书从撰写到出版的过程中提供了很多协助。另外，我要感谢在我工作及学习生涯中教导及启发我的多位导师，他们的无私付出令我获益良多。同时，我还要感谢一直鼓励及陪伴我的丈夫和父亲，没有他们的支持，我便不能如此无后顾之忧地工作。最后，我要感谢所有信

任我的病人，因为你们的信任，我有幸和你们一起走过
人生的幽谷，是你们让我的世界变得丰富，令我明白人
类的共同性。


陈皓宜

# 目录

**第五章** 〰〰〰〰〰〰〰〰 **嫉妒**

**第六章** 〰〰〰〰〰〰〰〰 **吃醋**

第
一
章

快乐

快感+幸福感二重奏

感谢卡

8.9u

5.6u

9.3u

人有追寻快乐的本能,而如何得到快乐也是人需要终身学习的课题。然而,又有多少人认真、深入地思考过快乐的真谛呢?

例如,终于买到期待已久的新手袋、晋升到梦寐以求的高职位、追求到单恋了很久的那个人……刚刚"到手"的快乐是无比炽热而且令人沉迷的,但兴奋、满足的感觉都会随着时间慢慢冷却,相信很多人都有过这样的感受。

到底是快乐本身就很短暂,还是我们仍未体会到真正的快乐?

其实,盲目地追求快乐就会有黑暗面,所以"乐极生悲"时有发生。快乐的情绪有时会令我们的判断力出现偏差,较易受他人影响,而在追寻快乐的过程中,愉悦感可能会导致成瘾问题,令我们失去理智。

那么,究竟如何才能获得真正的快乐,你细心想过吗?

# 快乐＝快感＋幸福感？

早在古希腊时期，研究"快乐"就已成为一个严肃的课题。当时的哲人认为，快乐至少由快感/愉悦感（Hedonia）及幸福感/圆满生活（Eudaimonia）组成。

快感是指有意识的愉悦感，是形成快乐的情感成分。例如，一个热爱美食的人，在品尝美食的过程中，他可以感受到愉悦的感觉。在享受美食的时候，他会专注于食物的卖相、香味、味道与质感，这些为他当下带来了正面的感官体验。享用美食时所产生的愉悦感，令他一再回味，所以他热衷于走访不同的美食店，乐此不疲地发掘美食。

幸福感则包括有意义的生活与投入感，是形成快乐的认知成分。例如，有位先生退休之后，走遍全香港扭气球送给孩童，他通过与人分享获得更多的快乐。类似这位先生所做的利他行为，可以产生各种无形的奖励，如愉悦的心情、满足感和别人的尊重，这些奖励能够驱使人重复同样的行为。用幸福感的概念来看，扭气球的先生对这种有意义的退休生活很投入,可以说生活得很圆满。

通过利他行为获得的幸福感,是一种较持久的快乐。然而在日常生活中,人们往往喜欢追寻短暂的快乐。为什么明知那种快感是短暂的,人们还是锲而不舍地追寻?因为快感是一种奖励,一种会令人沉迷成瘾的奖励。

## 快感:一种奖励,三大元素

快感或愉悦感通常是指人在无预期的情况下获得奖励而感受到的情感状态,而奖励是指一些能够满足现时需要的事物,例如对饥肠辘辘的人来说,食物就是奖励。当奖励在完全没有预期的情况下出现,可为我们带来最大的快感或愉悦感。

这个奖励,包含了3个重要元素:

第一个元素:喜爱。获取奖励后的愉悦感可能是主观的,人可以有意识地察觉到它的出现;也可能是客观的,会引起相应的行为

反应。例如,热爱美食的人在进食时感受到食物精细的味道,获得有意识的愉悦感,而脸上不期然流露出满足、欣赏的表情,这是他下意识表现出愉悦感的行为反应。

第二个元素:动力。对得到奖励的渴望成为驱动力量,而渴望可以是有意识的,也可以是无意识的。例如,那位热爱美食的人,渴望品尝到更多的美食,于是有动力去寻访不同的美食店,发掘新颖又美味的菜式。

第三个元素:学习。通过以往的经历,把行为与奖励联系起来,或以行为预计奖励的出现。人在学习的过程中,也会认识到在什么条件或情况下可以得到奖励,但这个过程一般都是无意识进行的,所以我们通常不会有确切的要得到些什么的想法。例如,去过一家食物很有特色的餐厅后,我们会把食物带来的愉悦感与餐厅的环境布置联系起来,下一次再去的时候,甚至遇到类似环境的餐厅的

时候，在还未点菜时已足以令人感
到愉悦。

## 快乐成瘾的因由

人是如何通过学习来联
系行为与预计奖励的？美
国心理学家B. F.斯金纳（B.
F. Skinner）提出的操作制约
（Operant Conditioning）理论正好可以做出解释。根据这套学
习理论，当某种行为带来奖励时，人们就会把该种行为与奖
励联系起来。而当学习了两者之间的联系关系后，为了再次
得到奖励，人们将来很可能会做出同样的行为。因此，奖励
就是鼓励行为的强化物。

例如，有位少女每天频繁地在社交平台上发文、传视频，
以期得到网友的关注及"点赞"。她五年来持续更新和管理
这些社交平台，累积了10多万名粉丝，这赋予了她很大的满
足感，也鼓励了她持续更新的行为。她视社交平台得到的
"赞"为别人对她的认同，这对她而言是一种无形的奖励。因

此，即使影响日常工作，甚至要花钱宣传才可以维持"赞"的数量和吸纳新粉丝，她仍不间断地上传照片、视频，因为她渴望继续得到认同和关注。

仔细想一下，为什么这些行为所带来的愉悦感会令她如此着迷？其实，这跟我们感受愉悦感的脑神经机制有着密切的关系。当我们感受到愉悦感时，我们的大脑内会发生什么事情呢？原来，我们的大脑内有多个快乐热点（Hedonic Hotspots）[1]，当热点受到的刺激增加，这些热点之间就会传送一种阿片样物质（Opioid）[2]，这种神经传递物可以制造愉悦感及舒缓痛楚。

除快乐热点之外，近年有不少人通过脑扫描研究证实，我们的大脑有一个愉悦中心，这个愉悦中心是快乐成瘾的关键，因为在那里会出现一种叫多巴胺（Dopamine）[3]的神经递质，促进脑内的奖励过程。脑神经学家发现，当我们获得奖励时，多巴胺能神经元会在短时间内变得非常活跃，而这种变化会促进学习，强化与奖励相关的行为。根据药理学研究的发现，假如使用药物阻碍接收多巴胺，令多巴胺无法在愉悦中心生效，与奖励相关的行为就会减少。

在上文的例子中，那位少女沉醉于更新她的社交平台，因为这个过程令她脑内的多巴胺系统变得非常活跃，并产生愉悦感。而她学习到这个行为可为她带来愉悦感及别人的认同，因此这个行为得以强化并持续。事实上，这种由经验带来极大的愉悦感，极有可能发展为成瘾问题。

这个现象值得我们深思。可是，快乐有正能量也有黑暗面，盲目追求快乐，可能会衍生出种种问题。

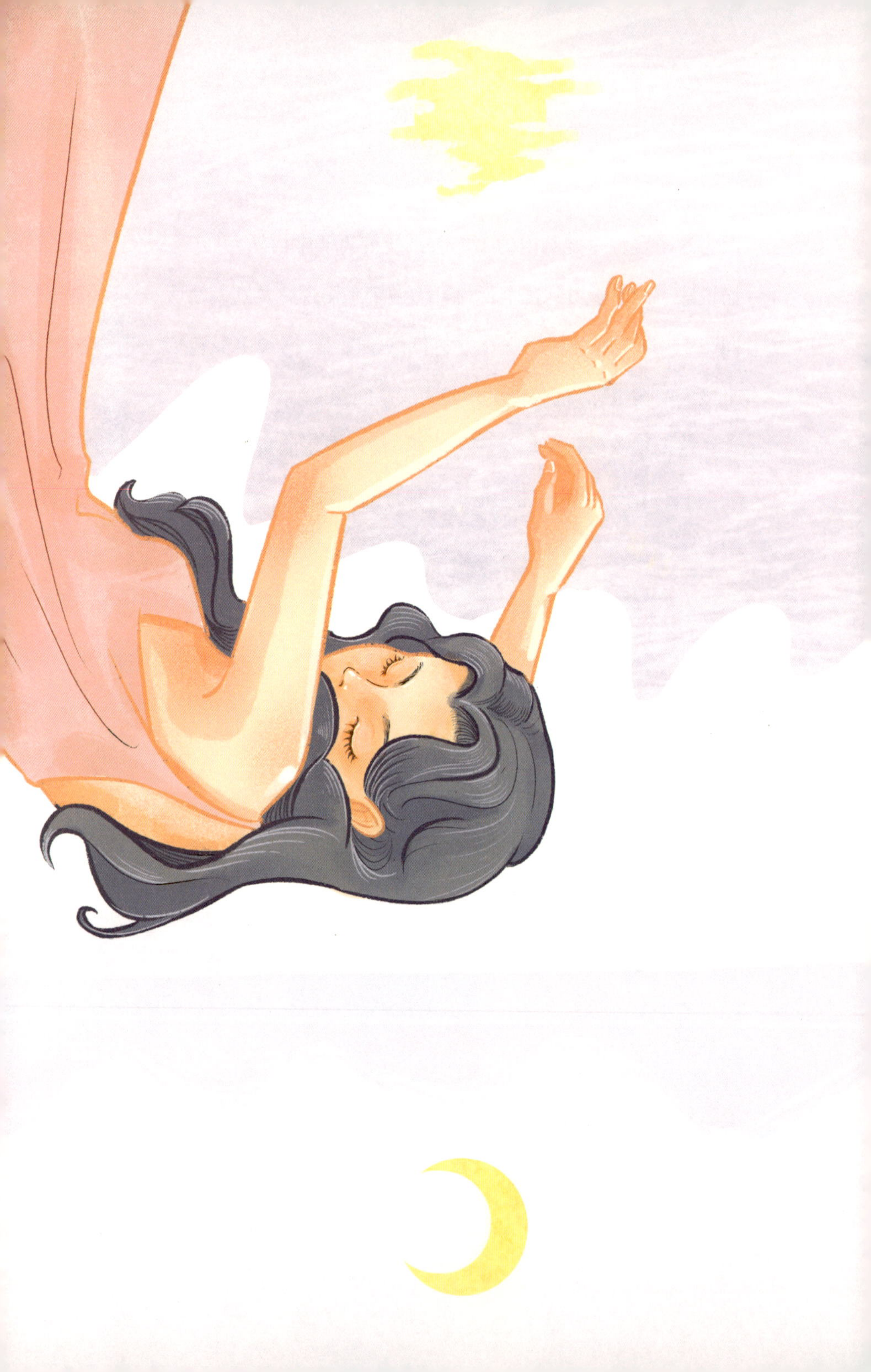

# 快乐的黑暗面

追求愉悦感虽然是生物的本能，但强烈而持续的愉悦感容易令人成瘾，也会造成盲点，以至脑部无法把环境及信息整合成有意义的事情。

## 当寻开心成为恶习

如果我们一味地沉醉于从奖励中获得愉悦感，就有可能引致成瘾问题。有些人通过酒精、烟草，甚至某类药物来获得愉悦感，因为持续使用这些烟酒药物，会有恍如得到奖励的效果，脑内的中脑边缘系统（Mesolimbic System）的多巴胺路径会变得活跃。这个系统负责制造由药物带来的愉悦感，而这种愉悦感便成为持续使用药物的强化物。

不过，问题在于此系统会令人陷入恶性循环。当人们长期使用某类药品，从中获取的愉悦感会因习惯而逐步降低，因为脑部奖励系统对得到的愉悦感渐渐适应，但同时令人对可以联想起药物的信息都会有过高的反应。当这些信息出现时，人们就会联想到药物，并"想要"那些药物，导致他们继续服食药物。大量的动物及人类实验都证实，即使测试者从药物中获取的愉悦感减少，那些使其联想起药物的信息，仍然会成为让他们上瘾的强化物。

另外，此系统会令人产生盲点。药物上瘾的人对于与药物没有关联的信息，反应迟缓。一个脑扫描研究显示，药物上瘾的人的眼眶额叶皮质（Orbitofrontal Cortex）已经受损。眼眶额叶皮质负责判别一个奖励是否有吸引力，这就可以解释为什么药物上瘾的人对于与药物无关的信息没有反应，对其他奖励方式或事物的兴趣也不大，这会导致他们继续利用药物来获取愉悦感。

当人们对于药物以外的事物缺乏兴趣时，会令他们长期对其他有意义的事物无法产生正面情绪。摄取酒精与烟草的分量较多，也与较低的正面情绪有关。此外，停止使用这些药物后出现的戒断症状（Withdrawal Symptoms），会令人难以忍受，因此他们很容易再次服药来逃避难受的症状。

药物本来有其医疗用途，然而当人们习惯了通过药物获得愉悦感，同时对非药物的事物反应越来越迟缓，就会堕入成瘾的恶性循环，越陷越深。

## 快乐盲点降低判断力

快乐可成瘾，乐极也令人忘形！强烈的欢愉感会给我们造成认知的盲点。

原来，当人们为了专注享受当下一刻的欢愉感时，前额叶皮层（Prefrontal Cortex）会暂时停止与其他脑结构联结，以至脑部无法将环境信息进行整合分析。换言之，欢愉感太会欺骗人，通过送来讨喜的礼物，转移我们的视线，然后在不知不觉间偷走我们的专注力，令我们无法成就更有意义的事情。

研究人员已找出与正面情绪相关的认知偏差，当我们高兴到极点时，对这些认知偏差不以为然，使其有机可乘，影响我们的思想和行为。

你身边有没有购物狂同事？有很多在中环区工作的上班族，对名店和奢侈品毫无抵抗力，会不时地趁午餐时间或帮老板、同事买下午茶的空档时间，偷偷溜去商场看有没有最新、最潮的服饰或手袋。当心情好的时候，或得到老板赞赏的时候，或与重要客户谈成了一宗大交易的时候，他们可能都会到名店购物，为自己庆祝一番。心情越好，买得越豪爽，也容易冲动。

## 四大认知偏差

事实上，正面情绪可能造成四大认知偏差，影响一个人做决定时的理性思考。

其中一种可以形成错误认知的称为初始效应（Primacy Effect）。人们对于首先看到的信息，会产生偏离现实而相对比较正面的印象，而当人们处于较正面的情绪中时，初始效应的影响会更明显。如上述例子中的上班族，当她怀着美好的心情步入名店，想要买一份礼物奖励自己时，售货员此时便率先给她介绍当季最新推出的枣红色大衣，价值10000元。虽然这位上班族认为放在橱窗边价值3000元的粉红色披肩比较适合自己，也比较能负担得起，但可能她最后还是会买下枣红色大衣，因为这是她开心时率先看到的货品，令她觉得这比粉红色披肩更值得买。在愉快的心情下购物，可能就会受初始效应的影响，买一些根本不需要或难以负担的东西。

另一个受正面情绪影响的认知偏差是光环效应（Halo Effect）。光环效应就是我们对一个范畴的印象，会影响到我们对另一个范畴的印象。再用以上的例子说明，当那位上班族感到快乐的时候去购物，她可能会倾向于回应外表漂亮的售货员，认为他们所推荐或销售的货品都比较好。因为光环效应，她的好心情致使她无法审慎地做出决定。

此外，当人们感到快乐时，也较容易犯下基本归因错误（Fundamental Attribution Error），这种偏差是指倾向于把别人的行为推断为内在因素，同时低估了外在因素对行为的影响力。

例如，那位热衷于在社交平台上争取别人关注的少女，当她心情愉快的时候收到朋友的赞美，又或者发现她的朋友竟然没有点赞她的新视频，她都可能会把这些归因于朋友的内在因素。例如，她会认为朋友点赞是因为他们很喜欢自己的新视频，如果不点赞是因为他们不懂得欣赏，或者嫉妒自己成为网络上有话语权且受欢迎的人，继而认为朋友小气、不支持她，甚至还会因此疏远对方，但其实朋友可能只是因为忙，没时间浏览社交平台。这些基本的归因错误令她对朋友的印象产生偏差，也可能为她的人际关系带来负面影响。

还有一种受正面情绪影响的偏差是，当面对有关不熟悉的事物的传言时，心情愉快的人比哀伤的人更容易选择相信。所以，当那位少女因为很多人赞美她的帖文而沾沾自喜时，短期的快乐会令她在面对似是而非的事情时的警觉性下降，容易被蒙骗。对于她来说，懂得分辨信息的真伪是非常重要的，因为在她每天花时间经营社交平台来获取愉悦感的同时，也会从这些平台接收到不少信息，如哪一种宣传的方法最有效且划算、下一季会流行什么色调的妆容、这一件服装在东京和纽约的售价分别是多少……当她面对社交平台的众多评论时，心花怒放之下很难分辨信息的真实性，往往会接收或发出错误的信息，影响她在日常生活中的各种决定。

# 越渴求快乐越不快乐?

上文提及不少快乐的黑暗面,难道追求快乐也有错? 当然不是。可以说,偶尔适量的欢愉感是一种奖励,能极大地推动我们进步。

而且,大部分人都在寻求愉悦或引导正面情绪,但是眼前就有一个有趣的问题:我们一生汲汲营营,以快乐为人生目标,但我们的行为又是否可以令我们步向快乐这个目的地?

有一个人热爱旅游,但他不会像其他"旅游达人"一样精心安排行程,他甚至会漫无目的地到处游荡、拍照。一众"旅游达人"可能会觉得,去旅游当然要尽情地吃喝玩乐,漫无目的这种旅游方式也太吃亏了吧。然而,这位即兴式的旅者却说他常常在旅程中得到很多愉快的经验。

究竟是以"玩到尽、吃到尽"的心态来计划行程,还是随遇而安地漫游,可以获得更多的愉悦感?

## 聚焦快乐目标会错过当下

一个人越努力去实现追寻快乐的目标，可能越少有机会得到快乐，因为他可能错过眼前这一瞬的快乐。

首先，当人们为了追寻快乐而制定不同的目标时，他们通常会把目标制定得较高，并视达到那远大目标为快乐。如果目标达成了，但快乐程度不及预期，人就会感到失望。这满满的失望感，势必会掩盖快乐经验本身带来的愉悦感。

在一个关于追寻快乐与快感的研究中，研究人员刻意使一组参加者认为快乐很重要，而对于另一组，则没有刻意改变他们对快乐的看法，然后让所有人观看同一段欢乐的影片。结果发现，被刻意引导快乐很重要的那一组，在看完影片后，比另一组较少表现出快乐的反应。原因是当参加者非常重视快乐这一目的，认为快乐很重要时，影片虽然很搞笑，但因为没达到他们预设的快乐标准，于是对影片感到失望，觉得不及预期的令他们开心。

当人们精心安排或参与一些活动以追求快乐时，通常也会同时体味自己的欢乐感觉有多少，但这妨碍了我们体验真正的快乐。具体来说，这种体味是一种对自己欢乐程度的后设觉察（Meta-awareness）——当我们深思当下的体验能为自己带来多少快乐时，便已经错过了用心去体验当下感受的机会。另外，还有一个研究，要求部分参加者一面听音乐一面体味自己的快乐感受，而其他人就只单纯地享受音乐。结果发现，需要体味自己感受的人，快乐程度反而较低。

总而言之，我们可以得出一个道理：费尽心思去追寻快乐，反而会令我们无法真正体验、享受快乐。

## 与快乐不期而遇的四大锦囊

其实，很多人对于追寻快乐的方法未得真髓，结果适得其反。有些人认为努力拼搏去满足物质上的需求（例如买最新款的手袋），或者参与某些活动（如去当红巨星的演唱会），就能令自己快乐。但是，花钱、花时间、花精力在自己身上获得的快乐，并不及聚焦在别人身上获得的快乐。

有两种追寻快乐的活动会造成反效果：

一是活动只是达到目的的一种手段，即只为获得快乐而进行的活动。如果人们只视完成活动后的结果为快乐，这样会掩盖活动过程本身的吸引力，那么参与该项活动的人就不会得到预期的快乐体验，甚至会对可望而不可即的快乐感到痛苦。

二是令人只专注于自身或使人脱离社会联系的事情。如果人与社交圈子或社会缺少联系，就难以从中获得快乐体验。

所以，如果我们想从参与的不同活动中获得快乐，那么可以记下以下四大锦囊。

第一，不要为快乐制定过高的标准；第二，多参与一些可以提升社交联系的活动，或者是有利于他人甚至有益于社会的事情；第三，学习有效地调节情绪，可以增加我们体验快乐的机会；第四，全情投入活动之中，不要分神去想自己这一刻快不快乐、有多快乐。

其实，人生中大大小小的事情都可以使我们获得快乐的体验，比如，与重要的人共进晚餐、开启一趟可以令自己成长的旅行等，当下的体验就是快乐的本质，它比穷尽精力去实现"快乐目标"显得更为珍贵。

# 过得快乐，不如过得幸福

本章第一节开始时提及快乐由快感／愉悦感，以及幸福感／圆满生活所组成。若想得到比快感／愉悦感更恒久且实在的快乐，我们应该认识一下快乐的另一个重要组成部分——幸福。

其实，上文曾提及的快乐的第二个锦囊——多参与一些可以提升社交联系的活动，或者是有利于他人甚至有益于社会的行为——正是通往幸福的大道。

另外，人本主义心理学主张，每个人都有追求自我实现的本性，当人达到至善（Optimal Functioning），发挥自己最大的潜能时，大部分的不安和焦虑都会消除。换言之，实践自我

实现的境界，也就是踏上幸福的境界。

现代正向心理学之父马丁·塞利格曼（Martin Seligman）提出了一个幸福论（Well-Being Theory），认为幸福必须包括以下5个元素，简称"PERMA"：

P: 正面情绪(Positive Emotion)，幸福的人拥有正面的情绪，包括快乐的感受和满意于自己的生活。

E:投入(Engagement)，全神贯注并且享受当下的活动，进入神驰状态(Flow State)，不知时间的流逝。

R:正面关系(Positive Relationship)，人类是群体性生物，需要从社会关系中获得资源和援助，所以正面的人际关系，有助于我们面对及克服焦虑或悲伤等情绪。

M:意义(Meaning)，以大于自身利益为目的，去做眼前的事情，为所做的事情赋予高于自己价值的意义。

A: 成就感(Accomplishment)，完成一件事或者胜出一场赛事，虽然自己未必享受其中的过程，但可以从中获得掌控感。

第一节曾提及的那位已退休的先生，因为不想虚度光阴而学会了扭气球的技巧，然后走遍香港的大街小巷，扭气球送给陌生的小孩子以讨他们的欢心。老先生很享受四处奔走、扭气球的时光，不知不觉间，一个月已送出了近千个气球，这是连他自己也没有想到的壮举。

看到孩子们开心，这位老先生感到无比的快乐和满足，也从中获得了成就感。老先生与他的4个子女一向感情很好，当子女们知道父亲到处送气球时，不但没有小看父亲所做事情的价值，也没有阻止，反而给予父亲积极的支持，有时周末还会陪他走访不同的地方，一起扭气球送给小孩子。因为得到了子女的支持，老先生可以更投入地进行他的"扭气球大计"。虽然通过"扭气球大计"他并不会获得如同享用美食、购物等带来的强烈欢愉感，但他实践了幸福论里面的"PERMA"，以自己的方式过着属于自己的幸福生活。

当然，每个人追求幸福的方式都不一样，不一定要像老先生一样扭气球才可以获得幸福。如何实践自己独一无二的幸福，是每个人独立的人生试题。面对这道大题目，你的答案又会是什么呢？

# 快乐在于接纳负面情绪

　　快乐是一种得到所有人认同的正面情绪。不同形式的快乐,都会赋予我们生活的动力和乐趣,使我们活在这个世界上不再觉得虚无和冰冷。因此,每个人都希望得到快乐,并依循自己认为可行的途径去追寻快乐。

　　然而矛盾之处在于,当我们获得快乐、感受快乐时,却很容易因一些认知偏差影响决策,而带来不良后果;同时,很多追寻短暂快乐的方法,反而令我们与真正的快乐背道而驰。

　　有些人把有限的精力和时间都用于赚取金钱上,企图满足无止境的物质需求,但事实上,物质只能为我们带来很短暂的愉悦感,却会让我们赔上与家人、朋友共处的时光,变相影响社交联系。另外,切忌过度沉迷于药物或某些活动所带来的愉悦感,如果沉迷其中且无法自拔,会演变为成瘾问题。一旦成瘾,我们不但难以脱身,从中获得的愉悦感还会越来越少。此外,药物上瘾极为可怕,会使人陷入其中,迷失自我，不仅体会不到之前的愉悦感，而且会对身体有不良影响。

比起一闪即逝的愉悦感，幸福感带来的快乐来得更实在、更易掌握。一方面，全情投入地做一些自己享受而且有能力做的事情，并为自己做的事情赋予意义；另一方面，多与他人建立正面的关系，多做利他的事情。这些方法都可以给予我们持久的正面经验，从而获得正面情绪。

在追寻快乐的路途上，我们不可避免地会遇到各种威胁，这将成为我们与快乐之间的隔阂。这些威胁可能源于人际关系、工作、健康等问题。当我们遇到这些威胁时，负面情绪和各种心理问题的来袭在所难免，我们可能因此感到恐惧、焦虑、自卑、嫉妒、吃醋、愤怒和悲伤，这些都是人之常情。

在下面的章节中，让我们一同探讨这些负面情绪及心理问题，并学习通过不同的策略来及时处理它们，成为一个跟各种情绪好好相处的真正快乐的人。

# 恐惧

## 秒杀危机VS过度联想

这个世界上有令你恐惧的事物吗？毫无疑问，谁都会有。有人害怕的事物很普遍，如他们恐高、畏蛇、怕黑；有人害怕的事物却较少见，如树、风、数字等。

恐惧令我们产生逃避的冲动，以疏解非常不安的情绪反应。然而，在某些情况下，我们无处可逃，不得不面对这些"可怕"的事物。如果恐惧情绪超出负荷，可能会触发我们脑内原始部分——杏仁核，它全面控制我们的身心，令脑内其他部分无法正常运作，使我们陷入更恶劣的处境。

值得一提的是，我们先不要对"恐惧"这两个字产生恐惧情绪，因为它是我们的祖先面对威胁时的保护机制。明白了这种原始本能，当我们面对具有威胁性的处境时，就会发挥其保护机制的效用，也有助于我们克服日常生活中不合理的恐惧。

# 原始本能：战斗或逃跑？

　　我们的恐惧情绪其实源于我们的祖先面对原始环境威胁时，为求生存而产生的最为本能的保护机制。

　　生存于100000年前的人类祖先，和我们一样拥有各种情绪，每种情绪都可以帮助他们适应原始环境，其中恐惧对于他们来说尤其重要。当时，原始人要与其他大型的掠食动物共同在大自然中生活，一不留神就会成为它们的食物。因此，原始人必须时刻对周围环境的潜在威胁保持警觉，并在危机发生前就做好战斗或逃跑的准备，而恐惧这种情绪，会让他们早一步觉察到危机所在。

　　想象一下数十万年前的世界，你是一个以狩猎为生的原始人，在草原上努力地搜索兔子和鹿的踪影，突然发现远处有个仿佛鹿的身影掠过，之后匍匐在一群羚羊的附近。你心中大喜，绕了一个大圈，小心谨慎、静悄悄地走到鹿的背后，打算攻其不备。正当你走到距离鹿3米多远的时候，隐约看到草丛里这头鹿的身形比预期中的要庞大许多，看起来十分肥美,相信带回洞穴足够一家八口饱餐一顿,心里不禁乐滋滋的。正当你准备无声无息地向前再走近一步时,草丛里竟然甩出一条毛茸茸、有斑点的长尾巴!糟糕!这不是鹿,是猎豹……

看到前方"猎物"带斑点的长尾巴,你便马上意识到自己正面临着生命威胁。你的大脑还未来得及处理这个危险信息、思考对策,与恐惧相关的生理反应已经遽然而生——心跳加快、呼吸急速、肌肉紧绷、手震等,这一系列的身体反应,都反映了你已无意识地进入准备好逃跑或战斗的状态。而最终你会与猎豹搏斗、拼命逃跑,还是被吓得定在原地一动不动,慢慢进入战斗准备,就取决于你如何评估自己的能力,以及环境给予的资源。

## 不合理的恐惧反应

比起原始人,现代人虽已有很大程度的进化,但我们的各种情绪反应仍然有不少祖先的影子,有些更令我们产生不合理的恐惧。

有一个女生,去拜访男友的父母,她当然希望给对方父母留下好印象，所以在见面期间她都尽量表现得落落大方，双方谈笑甚欢。然而，当叔叔邀请她欣赏他在花园中用心栽培的松树时，她的面色遽变。她觉得松树的形态像极了一个个姿态诡异的人，又看到风吹动一条条的松叶好像蠕动的虫，她甚至觉得树下有一双小但闪亮的眼睛凝视着她。由于过于惊慌，她当下竟然无法作声，整个人都愣住了，令身旁的男友和叔叔大感奇怪。

　　她看见松树后，呈现的正是恐惧的反应，不过身边的人，包括她自己也不知道她的恐惧从何而来，所以不能理解她的反应。因为她的恐惧情绪和反应，影响了她在男友和叔叔面前的表现，所以她很压抑，想逃避，甚至害怕自己的恐惧情绪，这反而令恐惧情绪更加失控。

　　由此可见，现代人生活的环境，虽已跟原

始人的生活环境相去甚远，但面对令他们恐惧的处境或只是联想起恐惧的处境时，仍会跟原始人有着大同小异的情绪反应。而这种恐惧反应，有时候不甚合理，因为那是在无意识的制约过程（Unconscious Conditioning Processing）中产生的。

# 恐惧系统的两大路径

在详细讲解制约过程之前，我们先来认识大脑的情绪中枢——杏仁核（Amygdala）[1]。

## "杏仁核"的即时反应

杏仁核正如它的名字，长得很像一颗小小的杏仁，当我们产生恐惧情绪时，它会引发各种身体反应，例如，心跳加快、肌肉紧绷，为我们即将逃跑或战斗做好准备。

杏仁核位于接近大脑的中央位置，左右脑各有一个，负责形成及重温情感记忆，并引发情绪反应。因此，与情绪有关的身体变化，大都离不开杏仁核的运作。

杏仁核内接收感官信息后，可以令身体瞬间无意识地做出反应，因为它的外侧核（Lateral Nucleus）[2]可从丘脑（Thalamus）[3]直接得到感官信息，无须经过大脑皮层，因此如高速公路一般，传送速度很快。

杏仁核令我们脑内产生恐惧反应的过程（也称为"恐惧系统"），分为以下步骤。

杏仁核恐惧反应5部曲：

1. 感觉器官接收到外界刺激后，把信息传送到丘脑。

2. 丘脑把信息传送到杏仁核的外侧核，以分辨现时处境是否具有威胁性。

3. 外侧核把具威胁性的信息传送到中央核（Central Nucleus）[4]。

4. 中央核接收到危险信息后，会触发体内的交感神经系统（Sympathetic Nervous System）[5]，分泌多种激素到血管，加速呼吸、强化肌肉及身体的其他相关反应；中央核同时又会触发脑内的下丘脑（Hypothalamus）[6]，分泌出皮质醇（Cortisol）及肾上腺素（Adrenaline），令身体做好准备，随时做出反应。

5. 皮质醇会提升体内的血糖水平，为肌肉提供能量；肾上腺素则令我们的感觉器官变得更敏感，更会加速心跳和呼吸，甚至会令我们当下不容易感到痛楚。这一系列的变化是为我们即将逃跑或战斗做好准备。

## "恐惧制约"源于联想

上文那位女生对松树的恐惧，可能来自她脑内无意识的制约过程。恐惧制约（Conditioning of Fear），就是把中性刺激与引起恐惧情绪的非制约刺激（Unconditioned Stimulus）联系起来，令中性刺激在制约过程中同样使人产生恐惧情绪。

假设，她小时候曾经目睹过一条蛇吞下一只小白兔，她原本对蛇没有太大恐惧，所以那时候蛇是中性刺激，但是蛇对小白兔实施袭击，这种行为对于她来说是非制约刺激，是不需要学习就会引起恐惧情绪的。当时这两种感官信息同时被传送到杏仁核的外侧核，大脑便会把"蛇"与"实施袭击"联系起来，并把这个经验储存起来。往后，每当她看到蛇，便会引发大脑无意识地产生恐惧的制约反应。

如果那条蛇盘于松树上，再扑向小白兔实施袭击，那女生的恐惧制约可能就会出现在松树这项中性刺激上，由于某种非制约刺激对于她而言有明显的威胁性，她在恐惧制约的过程中，把松树与威胁联系在一起，松树因而成为引起恐惧反应的制约刺激。

　　从心理学角度来解释，恐惧制约是一种关联性学习，我们的大脑会把不同的事件串联成有关联的记忆，而情绪也在这些记忆中互通。在制约刺激（松树）被联系到某种非制约刺激后，那个女生以后即使只是看见松树，对她来说已是一种威胁，也会引发相应的恐惧反应。除了害怕松树，有很多人对于寻常、无威胁性的事物，也可能会有不寻常的恐惧表现，也是源于这种制约过程。

　　制约过程中的恐惧反应不是一种主观感受，而是一种无意识的行为及生理状态。当那位女生看见松树时，她可能想马上逃离现场，更会出现气促、心悸、肌肉紧绷等生理反应。

## 大脑皮层的反复评估

　　当我们遇到威胁时，除了杏仁核会做出生理反应，操作认知系统的大脑皮层也会让我们有意识地觉察自己的恐惧感，并加以处理。

　　例如，有个人在树林行走时，把地上的草绳误认为一条蛇，他的杏仁核马上激发起一连串无意识的恐惧反应，如心悸、气促、冒汗及肌肉紧绷等。但在"恐惧系统"的另一路径中，"草绳"作为视觉信息，被传送到大脑的视觉皮层，然后经过丘脑传送到额叶进行分析。额叶启动分析功能，反复用比较客观的态度去评估面前的"威胁"，经过对威胁的重新评估，那个人就会知道地上的原来只是草绳，他的恐惧反应也就逐渐消退了。

大脑皮层处理恐惧4部曲：

1. 感觉器官接收到外界刺激，并会把信息传送到丘脑——大脑的"信息埠"。

2. 丘脑把这些感官信息传送到相应的脑叶（Lobes）及皮层（Cortex）作处理并理解。

3. 感官信息继而会被传送到大脑其他部分，其中包括额叶（Frontal Lobes）[7]，尤其是负责思考及分析的前额叶皮层[8]。

4. 额叶收集来自其他脑叶的信息，让我们可以体验身处的整体环境，估计和理解当时的处境，对恐惧加以适当处理。

但因为无意识的制约过程，大脑皮层有时未必可以理性地分析及处理眼前的恐惧。例如，那位怕松树的女生，她可能无法记起曾经在松树旁边遇到过什么，只是不自觉地把非制约刺激（蛇与实施袭击）联系到松树上。因为她的恐惧连自己都无法解释，就更难以做出客观评估。换言之，即使她在理性上知道松树并没有威胁性，但看到松树还是会莫名其妙地害怕。

　　通常，在各种类似的恐惧症个案中，人们都无法记起他们的不合理恐惧反应因何而来。不过即使我们无从得知恐惧制约的源头，仍可利用制约理论来处理并克服不同情境中的恐惧。

# 克服恐惧的三大练习

面对恐惧的事物时，人们很自然地就想逃避。演化理论让我们知道，逃避危险的本能会使我们得以保护自身安全。不过，有时候我们的恐惧是不理智的——明知那事物不会造成威胁，但还是想逃避。正如那位女生害怕松树一样，在那可怕经验的恐惧制约下，她尽量避免经过种有松树的道路或公园，然而，她越是逃避，下次迎头遇上时就越害怕。

## （一）暴露练习：先把害怕分级

多项心理学研究证实，根据制约理论中的灭绝概念而发展出的"暴露疗法"，可有效地处理我们不理智的恐惧。暴露疗法的原理是，当人们重复接触制约刺激，久而久之就无法再激发其恐惧反应。要有效地进行暴露疗法，必须经过循序渐进、重复而且长期的过程。换言之，首先要知道自己有什么害怕到想逃避的事物，然后根据自己的恐惧程度来逐渐调整暴露的程度。

例如，要对怕树的女生进行暴露疗法，首先要找出所有她会避开或害怕的树，然后对这些树所引起的恐惧程度进行分级。她可能会对橡树、枫树和松树都有反应，但细分之下，看到橡树时的恐惧程度是最低的，其次是枫树，而松树会引发她最大限度的恐惧。

然后，她可以从橡树开始做暴露练习。如果她觉得触摸橡树比起从它旁边走过更可怕，她应先尝试从橡树的旁边走过，下一步才去触摸它。她可以按照自己的进度，逐步提升难度，从等级最低的"走近橡树"至等级最高的"触摸松树3分钟"。在整个练习过程中，她需要长久而且定时重复地做每一个暴露任务，直至她对任务目标的恐惧大大降低，甚至完全消失。这时候，她就可以尝试下一个等级较高的任务（如走近枫树）。

很多患上恐惧症的人不愿意进行暴露练习，因为他们不愿意面对暴露练习带来的恐惧反应。如果他们在进行暴露练习时，学会对恐惧"先意识后拥抱"，就不会这么抗拒了。

上文曾经提及，大脑经历恐惧制约是无意识的过程。如果要进一步处理恐惧情绪，我们就需要从意识层面察觉到恐惧的存在。在暴露练习中，那位女生可以留意一下自己面对树木时的恐惧反应（如呼吸的节奏及身体的感觉），细心地观察和感受，逐步与恐惧反应接触，让大脑皮层有空间去评估和分析身处的环境，让意识重新得到掌控权，然后尝试拥抱（接纳、包容、与之共存）这些源自恐惧的体验，理智地运用适当的对策，去慢慢处理恐惧情绪。

## （二）静观呼吸：专注当下

根据文献记载，人类练习静观已经有超过千年的历史。简单来说，静观就是以不加批判、接纳的态度，集中于呼吸，专注于当下。通过练习静观，我们也可以与自己的情绪接触，不会一味地想着逃避。方法就是专注于观察当时与恐惧相关的身体感觉。经过练习，我们对于恐惧的态度就会变得更开放、更包容，从而逐渐让自己平静下来。

想观察当下的体验，可以试试做以下基本的静观呼吸练习。

首先，找一个可以让你舒服坐下的地方。坐在椅子上时,不要靠着椅背;或可在地上放一个软垫,挺直腰背地坐。做练习时,你可以闭上双眼,或把目光集中在地上1米左右的某一点上。

坐在椅子或软垫上时,要保持心境平和,体味身体的一切感觉。现在可以集中感受一下臀部与椅子接触、脚掌与鞋垫接触、双手与大腿或者身体其他部位接触的感觉,留意自己的头、颈、脊椎是否成一条直线。

过一段时间后,可把专注力转移到呼吸上,留意自己是如何吸气与呼气,气流是如何进入与离开鼻腔的。也可以留意一下呼吸时胸口或腹腔的起伏。

观察呼吸数分钟后,你可以把专注力扩展至全身的感觉。你可以感受一下腿、手臂、颈、头、脸是温暖的还是冰冷的?湿润的还是干燥的?紧绷的还是放松的?你也可以感受一下有没有哪个身体部位出现刺痛的感觉,或者这些身体感觉有没有流动到其他部位。

再过一阵子,你可能会发现脑海中浮现出一些不相关的想法或影像。这些都是正常的,无须自责或批评自己分心。当你发现自己被干扰时,这说明了你的意识已经回到当下,然后你就可以再次专注于呼吸。

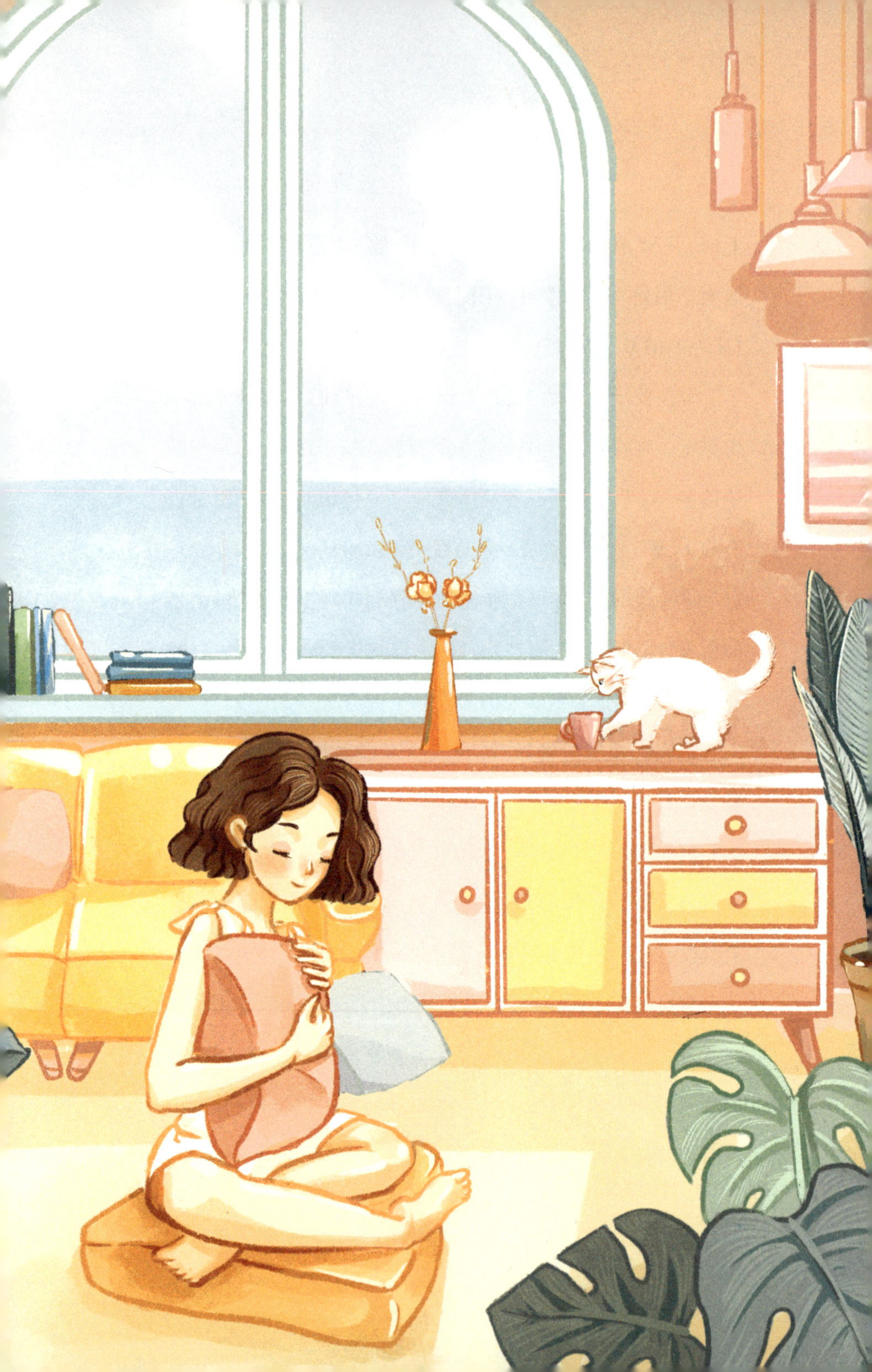

如果你重拾专注力后再次受到脑海中的想法或影像的干扰，也无须担心。这完全没有问题，只需每次发现自己分心后，温和地重新把专注力集中在呼吸及身体的感觉上就可以了。以上简单的静观练习，适合每天做。初学时，你可以尝试每次做3—5分钟。习惯了以后，可以延长至10分钟或更久。

## （三）认知策略：重新评估威胁

面对令我们恐惧的事物时，"大脑皮层"的认知机制可以帮助我们重新评估眼前的处境。在这一过程中，我们可以问一问自己，目前可怕的处境真的会为我们带来可怕的后果吗？

对于那位怕树的女生，我们很理智地知道松树绝不可能伤害她。然而，她除了因为受制约作用影响，把无害的松树联系到可怕的某种非制约刺激，她还可能害怕自己面对松树时的恐惧反应。因此，她在接触各种树木的时候，除了要重新评估树木到底会不会对她造成威胁，更要再估量一下恐惧反应的强烈程度，这样她就会发现那些恐惧反应其实没那么折磨人,她就会更乐意继续做暴露练习。

　　总而言之,当我们面对威胁所引发的各种恐惧反应时,可运用上述的认知策略,重新评估我们认为会带来威胁的事物和处境。通常我们会发现,自己往往把这些威胁想象得太灾难化,令自己虚惊一场。

# 因为恐惧，所以生存

　　身为人类，恐惧在我们生活中是不可避免的。我们每一个人总会对不同的事物产生不同程度的恐惧感，例如，有人恐高，有人怕火，有人怕打针，有人怕坐飞机，等等。面对令我们害怕的事物，我们通常不敢去面对，所以选择逃避，因为逃避可以带来短暂但及时的安乐，可谓省时省力。

　　即使是心理学家，也会因害怕而逃避为自己做暴露治疗。的确，逃避比面对容易得多。然而，在某些情况下，比起鼓起勇气面对恐惧，逃避的代价可能更大。例如，那位害怕松树的女生，在日常生活中已有很多不便，每当她远远看到树木就要绕道而行，甚至不能平静地到男友家中做客。当她看到花园里的树林时，一连串的恐惧反应使她无法自控，但又难以启齿，令她在男友及其父母前表现得十分尴尬。

　　恐惧反应可以帮助人类辨识危机，因此我们无须抗拒恐惧，反而应该拥抱它。如果我们处于有明显威胁性的处境时，譬如遇上突如其来的地震，感到惊慌绝对是再正常不过的。

　　需要我们特别注意的是，要对我们所恐惧的事物进行判断，看其是否合乎常理。如果我们觉得自己所恐惧的事物、恐惧的程度不合理，那就可以试试暴露及静观练习，面对恐惧时用开放、包容的态度拥抱它，慢慢克服不合理的恐惧情绪！

第三章

# 焦虑

## 迸发力量 VS 杞人忧天

每个人或多或少都会为将来担心，居安思危可以让我们对未知的将来做好准备，所以适度的忧虑能够提升我们的危机感。

早在100年前已有心理学家提出耶克斯-多德森定律（Yerkes-Dodson），解释了我们的身体反应与工作表现的关系。当生理反应提高时，我们的工作表现也会提升。因此，要达到最理想的工作表现，一定程度的焦虑是必要的。

但如果焦虑程度超出一定水平，工作表现却开始转坏。而且，如果焦虑持续且不受控制，并涉及生活上的多个范畴，我们就可能出现广泛性焦虑症的症状。

焦虑的其中一个元素是忧虑，除此之外，焦虑还包括身体反应、情绪体验及脑中浮现的影像。你有没有经常被焦虑的情绪困扰？焦虑究竟是如何产生的？我们又该如何处理超出合理水平的焦虑呢？

# 未知引发预想焦虑

　　每年有数以万计的毕业生投身职场，他们面临着人生中种种不确定的事情，出现焦虑的情绪也是很寻常的。这种焦虑，在准毕业生身上较为明显：担心实习表现、忧心考试成绩不理想、担心无法如期毕业，又或忧虑履历不够"好看"、竞争力不足以应对职场的需要、找不到合心意的工作、无法分担家庭的经济负担等。

　　面对种种未知因素时，人们会产生很多预想焦虑（Anticipatory Anxiety）；换言之，当事情未有任何迹象时却预想到事情有不理想的结果，产生各种生理、情绪及认知反应。

　　就如同广泛性焦虑症一样，很多准毕业生高估了学业成绩不理想的代价，又低估了自己应对困难的能力。即使是修读专业科目的学生，旁人认为其职业前景很明朗，但他们还是对很多潜在的不确定性因素充满不安和焦虑。例如，医科生担心考取不了医生执照、法律系的担心找不到好导师、教育系的担心找不到工作……

有广泛性焦虑症的人常被说成杞人忧天，但他们的思维是，总不能等到事情发生了才去想办法，至少事先要有心理准备，计划好对策，等到负面结果真的出现时，便不会手足无措。

## 杏仁核引发战斗/逃跑反应

焦虑究竟是如何产生的？有不少心理学家指出，有广泛性焦虑症的人，面对含混不清的处境时尤其有压力，无论是预想还是真正面对难题时，他们都经历着较高程度的焦虑。

受到负面刺激时，他们会视之为制造预想焦虑的信号，脑中的情绪中枢——杏仁核便会随之活跃起来，侦察具有威胁性的信息，并触发各种唤醒反应（Arousal Responses），即面对危机时的生理、情绪及认知反应。

一般人与有广泛性焦虑症的人相比，其杏仁核活跃程度明显不同，而两者的预想焦虑，以及在预想阶段时对不确定性的忍受程度也有差异。

当我们面对威胁的时候，脑内的杏仁核会马上做出反应，并全面接管我们的大脑运作。前一章已提及杏仁核如何在恐惧情绪中发挥作用，其实它对引发焦虑情绪也同样重要。杏仁核的中央核即时通知交感神经系统引发"战斗—僵立—逃跑"反应。在紧急的情况下，前额叶皮层的信息通道被封闭，无法重新评估眼前的威胁，丘脑却可以用最快的速度把威胁信息传送到杏仁核，使其得以处理眼前的危机。

## 前额叶夸大甚至自制危险

值得留意的是，面对威胁时，前额叶皮层的信息通道虽会暂时被封闭，但它可以预想威胁的出现并将之形象化，然后适时将信息传送到杏仁核的中央核，虽然耗时较长，但同样可以制造出相同的压力反应。而假如前额叶皮层在重新评估后发现眼前的事物不具有威胁性，它也会传送信息到杏仁核，以安抚过度的生理反应。

可是，假如前额叶皮层错误地把感官信息诠释为危险信息，它便会自发地产生焦虑，并使杏仁核变得活跃。即

使现实中根本没有实际危险，焦虑反应也会由此而生。更
严重的是，前额叶皮层甚至可以在没有任何感官信息的情
况下，自己制造出忧虑的想法，夸大遇到危险的可能性。
这些情形都会触发杏仁核的活动，引发与焦虑相关的生理
反应。

# 以"忧虑策略"逃避焦虑?

"忧虑"是"焦虑"的一种心理表现,容易有焦虑情绪的人,很容易预想不确定的事情引发的负面结果。例如,教育系学生的脑海中或会出现自己辛勤完成学业后却做不成老师,只能做售货员的画面。当一般人忧虑时,脑海里面触发更进一步焦虑的影像会被压抑,所以,我们可能会将忧虑作为一种逃避策略,减轻情绪所带来的身体感觉,同时加强以后继续用忧虑逃避经历这些心理画面带来的不安感受。

## 忧虑抑制情绪体验

学生仍然在校,但已预想自己无法毕业、找不到工作,其实也是一个以忧虑为策略,避免经历与不确定性相关的身体和情绪体验的例子。他们通过忧虑来抑制恐惧机制的运作(Fear Processing Mechanism),从而遏止自己的焦虑反应。本书在第二章中已提及,重复体验与恐惧相关的身体及情绪体验,是一种有效的暴露(Exposure)策略,可以帮助我们习惯并消除恐惧反应,但由于忧虑抑制了焦虑带来的身体感觉,反而会阻止我们体验相关的身体及情绪反应,令暴露策略失效。

然而,有广泛性焦虑症的人常以忧虑作为处理问题的策略,也可能因此担心自己忧虑得太多,不良后果会随之而来,例如担心自己忧虑过度会影响工作表现等。因此,他们会很努力地提醒自己别过分忧虑,矛盾的是,越是努力压抑,越觉得担忧。

## 影响情绪调节能力

广泛性焦虑症患者在情绪调节方面有可能会受到影响。有一位护士非常担心自己在帮病人打针的过程中出错,焦虑之下产生强烈的情绪反应,在大庭广众之下哭了起来。她更倾向于把忧虑与强烈的情绪结合起来,导致她不理智地把处境想象得灾难化。例如,担心医疗过失导致病人死亡,媒体会大肆报道宣传,使她身败名裂,更会影响她当医生的丈夫,两口子会丢饭碗，以致没钱供楼，夫妻带着一对初生的双胞胎流落街头……

这名护士在强烈的焦虑之下，无法处理压力带来的急剧的情绪反应，也令她无法客观评估自己面对这些问题的反应，继而没完没了地忧虑下去。

不少脑神经学研究发现，有广泛性焦虑症的人，其脑岛及杏仁核可能与前扣带皮层（Anterior Cingulate Cortex）[1] 及前额叶皮层的腹侧区域（Ventral Region of the Prefrontal Cortex）[2] 有着异常的联系。由于这些皮层区域负责由上而下地调节情绪，如果它们与边缘系统的联系减少，会导致进行情绪调节时难以重新估量当下紧张的处境。

以刚才提到的护士为例，由于焦虑情绪影响，她把事情想象得灾难化，以至无法理性地进行评估——她自己已按既定程序操作，打错针的可能性其实很低，更遑论病人因此而死，她本人身败名裂的可能性实际上微乎其微。

# 抚平焦虑"四部曲"

有广泛性焦虑症的人,在面对紧张和有压力的处境时,应该如何处理他们的焦虑和担忧,使自己活得轻松自在呢?

## (一)接纳焦虑,静观当下

面对焦虑的时候,我们都会感到不舒服和不安,很自然地想控制或压抑内心的这些感觉,然而,这样做只会让焦虑反应加剧。

所以,要处理焦虑,首先要放下戒心与它拥抱,进一步留意任何因为焦虑而产生的身体反应。我们无须担心自己受焦虑控制,只需知道焦虑情绪迟早会自然地离开。静观可以帮助我们意识到自己面对焦虑时的呼吸状态及身体感觉,更容易接受另一个状态下的自己。有趣的是,如果对自己焦虑的接受程度提高,焦虑反而会逐渐得到缓解。

在"恐惧"的章节中,笔者介绍过一套简单易学的静观练习,如果想让平静感持续渗透到生活之中,最好能够每天练习,然而,我们必须明白,静观并不是一种用来减少焦虑或恐惧的工具或技巧,而是一种生活态度,教我们学习拥抱当下。

特别需要注意的是,做静观练习的要点是以好奇、包容的态度专注而仔细地观察自己的呼吸状态和身体感觉。在练习初期,可能偶尔会有杂念转移专注力,这是再平常不过的事情。能够留意到自己分神,就已经是回到当下的第一步了。

刚开始接触静观练习的人,可以尝试每天练习,每次进行5—10分钟;也可以随心所欲地延长练习的时间。长期做静观练习可以让我们更了解自己焦虑时的体验,焦虑再次来袭的时候也不至于轻易被"挟持"。

# （二）腹式呼吸法+肌肉放松法

当人面对威胁时，杏仁核会被激发，当中的中央核便会"启动"交感神经系统，引发各种生理反应，如心悸和肌肉紧绷等。通过放松练习、做运动及良好的睡眠可以令杏仁核平静下来，减少由它引发的身体反应。

做放松练习是为了启动我们的副交感神经系统，以降低杏仁核启动交感神经系统的影响。最常见的放松练习主要有腹式呼吸法和肌肉放松法。

## 腹式呼吸法

有焦虑情况的人，呼吸普遍较浅和急速，如果改用深呼吸的方式，可以缓解因焦虑而出现的生理反应。其中，腹式呼吸法是其中一种最常见的可以启动副交感神经系统的练习。

进行腹式呼吸练习时，每次呼吸都需要把空气从鼻腔带到腹部。当我们用腹部呼吸的时候，吸气时腹部会扩张，呼气时腹部会收缩。这不同于我们经常用的胸式呼吸法，进行胸式呼吸时，胸部会在吸气的时候向上升，呼气时向下降。

我们可以尝试做几下腹式呼吸，感受一下腹部是怎样扩张、收缩的。进行练习前，先找一个舒适的位置坐下，背靠着椅背或沙发。练习时可以闭上双眼。每天练习10—15分钟。

然而需要留意的是，如果做这个练习时过于刻意提醒自己放松，可能反而无法放松下来。因此，我们只需要留意每次腹式呼吸的动作，而不必时刻记着做放松练习的目的。

### 肌肉放松法

一旦交感神经系统被触发，我们的肌肉就会绷紧，以准备应对威胁。练习肌肉放松法可以启动副交感神经系统来持续放松我们不同的肌肉组织。其中一个最常见的肌肉放松法是渐进式肌肉放松法。

简单来说，这个练习的做法是先绷紧一组肌肉，维持5秒，再放松5秒，每组肌肉重复做2—3次后，便可转做另一组肌肉。我们可以按照以下项目练习各组肌肉：

—— 把双手紧握成拳

—— 收紧前臂的肌肉，双手握拳

—— 把手掌及前臂拉向上臂，令二头肌收紧

　　—— 肩膀向耳朵拉紧

　　—— 头后仰，令颈部肌肉收紧

　　—— 绷紧面部肌肉，包括腭、舌头、嘴唇

　　—— 皱眉，令额头肌肉收紧

　　—— 曲起脚趾，令脚掌绷紧

　　—— 脚趾向上伸展，收紧小腿肌肉

　　—— 绷紧躯干，收紧腹部肌肉

## （三）有氧运动 + 睡眠

　　做运动也是另一个能使杏仁核冷静下来的方法，而其中最能有效"关闭"交感神经系统反应的是有氧运动，如跑步、游泳和骑单车。

　　有研究指出，20分钟的有氧运动有助于减轻焦虑。其实做有氧运动可以为害怕经历焦虑症状的人提供暴露的机会，让他们在运动中体验心悸、气喘等反应。不过必须特别关注自己的身体状况，再进行适度的运动。

　　另外，睡眠不足的人的杏仁核对负面信息特别敏感。在睡眠期间，我们会重复经过若干个睡眠阶段，而快速眼球运动

（Rapid Eyes Movement）睡眠（简称REM睡眠）便是最后一个阶段，这也是制造梦境的时期。调查显示，有足够REM睡眠的人，他们的杏仁核敏感度比较低。这说明，充足而优质的睡眠，尤其是REM睡眠，对我们十分重要。

如果想达到这一点，必须建立良好的睡眠习惯，特别是有规律的睡眠时间。此外，灯光强弱、卧室温度等都会影响我们能否一夜安眠。

## （四）回溯过去，处理认知偏差

在本章第一节中曾提及，我们的前额叶皮层可以在没有任何感官刺激的情况下自行制造忧虑想法，并触发杏仁核产生焦虑反应。换言之，我们怎样理解当下的处境，绝对有可能影响情绪的发展。例如，学生高估了自己延迟毕业的可能性，并将延迟毕业诠释为一种威胁，如可能会使自己无法找到工作等，因而感到十分焦虑，长时间寝食难安。

当我们面对压力时，首先应留意自己如何诠释正在面临的处境。过去的经历与各种认知偏差都可能会影响我们的理解力和判断力，我们要不断提醒自己，我们所理解的并不一定是事实或真实的境况。

有广泛性焦虑症的人在这方面会不时出现偏差，包括高估危机带来的影响，例如，教育系学生可能会高估实习表现不理想的负面后果，认为自己会因此找不到工作。也有些人可能会低估自己面对威胁时的能力，基于某些负面信息而把整个处境想象得灾难化。例如，从事金融业的人需要对全球市场保持敏锐的触觉，有任职投资银行的银行家，每天都要花很多精力去追踪世界各地重要的股票市场，时刻挂虑着股市升跌，以致寝食难安。当全球股市出现波动的时候，他们会担心自己的投资受到牵连，更想象万一有什么差池，会连累重要的大客户投资失利，往后就不能再立足于金融界……

当我们明白自己所诠释的处境与现实其实是有偏差的, 甚至是错误的, 就应该调整思维方向及看问题的角度, 问问自己: "我这样理解是否符合现实情况呢?" 然后我们便可能会发现自己所担心的这些负面或灾难性后果的发生概率其实微乎其微。我们也应该客观地审视自己处理压力危机的能力, 回顾自己曾经运用过什么应对策略来面对压力。如果曾经成功应对、顺利渡过这些有压力的处境, 这说明我们其实低估了自己的能力。

我们除了要学习慢慢接纳人生中无数的不确定性, 还要拥抱所有人都不可避免的焦虑情绪。如果我们能灵活运用以上策略来面对焦虑, 想必可以以更宽容、豁达的心态面对未知的命运, 使自己的人生更洒脱、更充实。

# 焦虑能使我们变得更好

很多人都希望摆脱焦虑情绪,因为他们认为焦虑情绪是负面的,对我们毫无益处。我们一生中会遇到各种压力和挫折,同时也要面对很多未知的变化,这些事情都令我们感到担忧和紧张。事实上,焦虑对我们来说是一种非常重要的情绪。当我们面对压力源时,焦虑会帮我们唤起身体不同的生理反应来应对。

适量的焦虑所带来的压力其实可以成为一股推动力,使我们发挥出最大的潜能。不过,当压力超出某一个点时,工作表现就会逆转下滑。

有趣的是,不同的工作,其最佳压力程度也有所不同。如果工作比较简单、容易掌握,需要较高的压力才可达到最佳表现;而对于一些比较复杂、需要动脑筋的工作,所需要的压力程度会较低,以免影响专注力。换言之,假设一个人的工作是叠衣服,如果有人在旁边不停地催促他快点,完不成工作就不可以吃饭,他会因为压力而加快叠衣服的速度;但假设一个人被要求在30分钟内完成一份计划书,这个近乎不可能的任务会给他带来极大的焦虑和压力,他可能会因为过分担心自己没有能力应对,根本无法集中精力思考计划书的内容,结果一个字也写不出来。有些人认为,人在充满压力的情况下会文思泉涌,但事实上,焦虑紧张的情绪完全充斥人的大脑时,怎么可能还有足够的空间去思考其他的事情。

有人说常焦虑的人都是对自己有要求的人,的确,焦虑所引发的身心反应会使我们不停地向前跑,但过分焦虑会使人无法享受生活的美好。

总而言之,日常生活中的工作、家庭或其他方面会使我们感到焦虑和压力,这些都是不可避免的。但是,适度的焦虑可以提升人的效能至最理想的程度。

因此,我们要学习的并不是怎样驱散焦虑,而是拥抱它并有效地运用各种策略把焦虑情绪调整至理想的水平,这样我们才可以有效地面对充满各种压力的人生,建立平衡、美好的生活状态。

第四章

自卑

成长动力 VS 人生阴影

活在这个充满竞争的社会，我们从小到大都不自觉地把自己和别人做比较：和兄弟姐妹比较样貌、身材，和同学比较成绩、才艺，和朋友比较薪水、工作，有时甚至会和街上的陌生人比较，看谁更有魅力。相较之下，必有自认为的优劣之分，当我们觉得自己的某些特质比不上别人时，就会产生自卑感。

自卑感是一种不可避免的感受，但很多人忽略了一点，那就是自卑可以成就一个人，自卑蕴含着改变的力量，会令人产生前进的动力去追求更好的生活，成就更好的自己。不过，不可否认的是，过度的自卑感会形成一道阴影，令我们质疑自己的价值，产生负面情绪，甚至失去对生命的热情。

如何让自卑感成为动力，而不是阻力，让我们每天喜欢自己多一点？这是寻找真正快乐的一个重要课题。

# 自卑感：成长动力VS阻力

　　奥地利著名精神科医生及心理治疗师阿尔弗雷德·阿德勒（Alfred Adler）指出，自卑感是一种可以令人努力改善自身及他人生活的动力。追随此学说的心理学家欧文·威克斯伯格（Erwin Wexberg）提出，所有人在童年时都产生过自卑感，他们会把自己的状况与身边重要的人及环境进行比较，继而产生无助感、无力感及依赖性。在整个童年中，孩童会尝试满足不同年龄段所产生的不同需求。有时候，孩童会发现某些需求难以达成，但如果他们有足够的决心并且得到鼓励，便可坚持不懈地达成一个又一个的成长里程碑。

　　阿德勒之后又具体提出自卑感与补偿机制的关系。他认为，很多孩童都会有器官自卑（Organ Inferiority）的情况，即有些孩童可能有某种生理或功能上的缺陷和限制，如视觉或听觉损伤、运动不协调等问题。随着孩童慢慢长大，身体其他方面的功能会完善，以弥补当初的缺陷或限制。这种情况可带来3种结果，即补偿、过度补偿和补偿不足。受器官自卑影响的人，可能会为此努力，令自己符合正常水平。

举个例子，语言发展迟缓的人可能会极力改善语言表达的能力，务求让自己与其他人正常沟通，这就是阿德勒所说的补偿。有些人甚至会花更多的时间且付出更大的努力，令自己不仅达到正常水平，甚至还高于一般人的水平。例如，天生只有4根手指的人，他可能会通过加倍训练使自己成为出色的钢琴家，这就是过度补偿。至于补偿不足，就是指放弃改善自己的限制或缺陷，以消极、被动的态度面对。

## 想象出来的自卑感

根据阿德勒所言，其实每个人都会有自卑感。这是一种不可避免的感受，令人有动力去追求更好的生活，成就更好的自己。不过，自卑感强的人经常会忍不住与别人比较，以自我批评的态度看待自己，所以他们往往会把自己看成是一无是处的人，甚至是别人的负累。

如果有人确实难以满足他生活的需求，这种自觉不足的感觉是符合现实的，例如一名员工在一家竞争非常激烈的公司工作，他无法在限期内完成所有工作，因而觉得自己能力不足。

不过，如果有些人拿自己与别人进行比较，如比较成就或者社交魅力之类，总觉得自己比不上别人，这多是一种自行想象而来的自卑感。

那么，为什么会产生想象自卑感（Imagined Inferiority）呢？当人们制定了一个理想化的标准，然后用这个理想标准和自己做比较时，就会引发这种想象自卑感。产生想象自卑感的人，大多相信自己无论怎样努力都不会达到理想标准，可能还会因此产生抑郁心理。另外，有些人可能因器官缺陷自卑而逼迫自己过度补偿，为自己制定过高的标准。

## 因自卑而拖延

有些自卑的人，即使得到上司称赞并获得更好的工作岗位，都不会认为这是对他们的认同，只觉得上司是在安慰自己，或者自己因为比不上他人才要做和别人不一样的工作。例如，有一名市场部的职员，上司询问她是否愿意调职到产品设计部时，她马上联想到上司是嫌弃自己无法胜任市场部的工作，但其实上司只是看准了她的美术天分，希望她可以在适合的部门发挥所长。

自卑的人在工作上常常思虑着自己的不足，因而容易失去动力和热忱，也无法将潜能最大限度地发挥出来。更严重的是，由于失去工作的动力及自信，为了暂时逃避面对自己一塌糊涂的表现，受自卑感影响的人往往有拖延的习惯。

再比如这名员工，当上司安排工作给她时，她却认为自己没有足够的能力完成，所以迟迟不着手去做，不愿面对可能不符合她标准的结果。结果，工作无法如期完成，而经过长时间拖延之后，短时间内赶出来的工作，质量更加不理想。上司并不了解她只是希望把工作做得尽善尽美，误会她工作态度散漫，从而对她产生坏印象。

## 完美主义背后的阴影

从心理学角度来看，完美主义者可以分为正面和负面
两种。

正面的完美主义者，会为自己制定很多严苛的目标和标
准，并尝试着去实现，以获得成就感和满足感。其中有一点
很重要，即使无法达成，他们也不会贬低自己的价值。例如，
一名有良好心理素质的运动员，为了跻身国际赛事而尝试

挑战更高水平的比赛，即使最后输了，也不会责备自己能力不足。

至于负面的完美主义者，会把自我价值建立于能否达到那些严苛的标准，若结果不如预期，他们还是会继续要求自己达成那些标准。

认知行为取向的心理学家认为，有种负面完美主义者很不健康，需要临床关注。这种完美主义者（也被称为临床完美主义者）会制定很多苛刻的标准，在尚未实现这些标准之前，他们会不断批评自己，即使在追求的过程中遇到健康或人际关系的问题，他们还是不会放弃。此外，这类完美主义者把自我价值建立于能否实现标准之上，标准一日未实现，他们就始终否定自我的价值。

以认知理论分析，临床完美主义者很容易出现两极化思想。他们倾向于把事情诠释为"非黑即白"，如果不能实现那些过高的要求，就会给自己贴上失败者的标签。此外，他们对那些标准会有一种难以解释的坚持，难以被动摇，也会把放弃标准的后果想象得灾难化。令人矛盾的是，因为担心无法达成要求，他们很多时候会通过拖延工作来逃避失败。如果这种情况持续的话，有可能衍生焦虑及抑郁等情绪问题。

## 临床完美主义者——思想两极化

有不少心理学家指出，完美主义是多向性的，可以分为自我要求型完美主义（Self-oriented Perfectionism）、他人要求型完美主义（Other-oriented Perfectionism）及社会期许型完美主义（Socially Prescribed Perfectionism）3种。

自我要求型完美主义的人，会要求自己实现很多高标准的成就，并把自己的价值建基于能否达到这些标准。一旦无法实现，他们就会持续地批评自己，就好像上文中那名市场部员工一样。

他人要求型完美主义的人，他们在各方面对其他人都有很高的要求，对象可能是他们身边重要的人或伙伴，他们期望对方可以达到自己的标准，否

则便会轻视和贬低对方。例如，上司希望争取到一宗重大的生意，他不单自己花了很多时间准备和构思，也要求他的下属一起通宵加班想点子。对家里有要事须提早离开的下属，他会批评对方不思进取、没有贡献等。生活中，你可能也遇到过有这种完美主义倾向的上司或同事，通常他们都为别人制定很多不切实际的标准，当别人无法达到他们的要求时，便会遭受批评。他们除了本身要承受完美主义带来的压力，也容易与身边的人产生摩擦，影响人际关系。

社会期许型完美主义的人，他们相信别人期望自己时刻都是完美的，并想象别人对自己抱有很高的期望，这些想法令他们有动力去追求卓越。那名市场部员工，在某些细节上可以看出她同时有社会期许型完美主义的特质，她想象上司要求她有非常出色的工作表现，并因此以其他资历深的同事为比较对象，总觉得自己比不上他人，因此觉得沮丧。

# 克服过分的自卑感

如果每个人都必定经历一定程度的自卑感，那么我们应该如何面对这些认为自己不够好的感觉，并把它转化为生活的动力，为自己和他人谋求福祉呢？

## 联系感打破自卑

根据阿德勒所言，适度的自卑感可以推动人们去追求成长及成功，并成就个人，为他人谋求福利。如果人与群体失去联系，便无法得知怎样才算是正常的成功标准。当未能妥善处理这份自卑感时，有些人会建立一套非常理想的成功标准，产生负面完美主义者的倾向。

阿德勒特别强调，对于每个人而言，成为群体中一员的归属感很重要。归属感可使人乐意为他人的福利而做贡献，这种联系感可以帮助每一个人克服自卑感。因为与他人联系，可以使我们明白人类的共同性，明白每个人都必定有其不足之处;而成为群体的一部分,令我们有归属感,让我们互相补足,并从中获得心理支援。

与他人合作,尝试了解别人的想法和情绪,这样可以让我们对群体产生归属感,并乐意为人们谋求福祉。因此,我们放下追求自身优越感的欲望,便能逐渐克服自卑感。

而我们要做到舍弃追求优越感、克服自卑感,当然需要较高层次的自我觉察,以及有足够的能力洞悉自己的核心问题是什么。

## 找出补偿自卑的习惯

学习克服自卑感前,首先要知道自己惯用什么形式去补偿自卑感。

在职场上,有人会因为不是毕业于名牌大学而感到自卑,于是疯狂加班争取工作表现,以证明自己的能力,这是一种过度补偿自卑感的表现。除了花费大量时间在工作上,他们可能还会要求自己的工作表现非常卓越,要比那些毕业于名牌大学的同事更优秀。为此,他们大大削减社交时间,而过分的操劳及压力也会令他们的健康每况愈下。

自卑感补偿不足的人,可能因长时间被自卑感缠绕,而以拖延作为逃避失败的策略。面对多个工作截止日期,他们一方面对自己要求很高,另一方面没信心把工作做好,为此感到很忧郁,但其实从

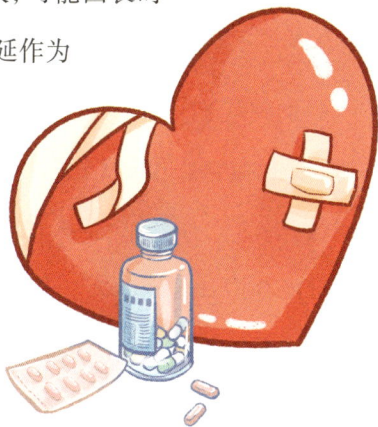

来都没有客观证据说明他们的能力不足。

就如那名市场部员工一样，虽获上司推荐转职产品设计部，希望她尽展所长，但她却怀疑自己能力不足，婉拒升迁。

## 反思固有标准，寻找问题根源

当我们留意到生活中出现了特别明显的变化时，例如，健康状况变坏、与家人和朋友的关系疏离、有被解雇的危机、有违常理地拒绝晋升等，我们应反思一下自己的生活方式，找出问题的核心。如果需要外界援助，则应尝试与家人、朋友倾诉，或寻求专业的辅导员或心理学家的帮助。

要找到问题所在，我们可以做一个现实检验（Reality Testing），以鉴别自己所制定的标准及生活方式是否与现实情况脱钩。

过度补偿自卑感的人，可先比较一下自己和其他同事的工作表现，看看为自己制定的标准是否过高。例如，大家做同样一份市场策划书，他发现自己做得比同事更详

尽、更具心思;他为客户提供了6个方案,而同事只提供了
3个。他慢慢意识到,根本无须把自己逼得太紧,把精神、
时间全花在工作上,却牺牲了与家人、朋友相处的时间,
同时因工作过分拼搏而食无定时、睡眠不足,加上无法抽
时间做运动,身体成了牺牲品。

　　这个现实检验很重要,它可以让我们知道自己为成功而
制定的标准是否远高于其他人,比较之下可得知自己的目标
是否实际,是否在我们能力范围之内。

　　至于自卑感补偿不足的人,他们会把自己与他们认为很
优秀的人做比较,当发现彼此之间的落差时,便经常怀疑和
批评自己。他们可先通过现实检验进行反思:我所看见的这
些落差符合现实情况吗?可能我这方面的能力的确比不上
他,但对我的生活有什么影响呢?我会因此丢了工作吗?这
能代表我一无是处吗?

## 调低标准,逆向改变生活

　　当我们意识到原来为自己制定了很多过高的标准时,
下一步就可尝试设计一些行为实验。完美主义者倾向于认

为，如果不达到某些标准，就会引发灾难性的后果。而行为实验就是通过改变生活方式，实际测试现实是否符合假设。换言之，我们可以调低标准，测试会不会损害前途和生活。而我们可能会发现，这反而令我们生活得更快乐、更充实。

开始做行为实验时，我们可找出这些标准是源于什么信念。例如，那位过度补偿自卑感的员工认为，相比起其他人只提供3个粗浅的方案给客户，自己必须想出6个完美方案，否则客户会认为他没有真本事。他可以基于这些信念列出假设，例如："如果我不为客户提供6个完美方案，他们可能会认为我只是一个平庸的小职员，不选用我任何的方案。客户会舍弃我，与其他公司合作。"

写好假设后，他可以做一些与信念相反的事情，以测试假设是否会实现，例如对自己要求降低，只提供3个方案。当然有人会认为，这种做法很冒险，也会使自己无法心安理得地工作。然而，这些想法都是源于完美主义带给我们的"非黑即白"及"灾难化"思想，令我们营造出非做不可的假象。

如果对以上的行为实验放胆一试，集合测试的结果后，他便可分析原本信念的真实性,之后可能会发现,客户并不会因此流失,而随着工作量减少,他有空余时间和家人、朋友相处,可以去做运动,令身心更健康。这个行为实验可以测试:改变生活方式到底会削弱工作表现,还是能改善生活质量,从而提升工作表现呢?

最后一个阶段,他可以从反思中总结:之前自己的信念形成了一个不符合现实的标准,而这种信念不是正确的。

## 控制"非黑即白"思想

完美主义者很容易把自己的表现看成"非黑即白",会把自己的表现归类成"好"和"差"两种。由于期望高得不切实际,所以他们大部分时间会断定自己做得不好。

要控制"非黑即白"思想,首先应该看事物的连续性,而不是单纯地把它们分成两个类别。如果以一个连续性量表来看工作表现,一边的尽头是极好,另一边的尽头是极差,在这两个极端的中间尚有很多不同的程度之分。很多完美主义者认为,自己比不上被比较的对象,便等同于差,但他们应该把表现的标准制定于连续性量表上,在"好"和

"差"之间还是存在其他可能性的。

有时候，受"非黑即白"思想影响，人们又希望能实现一些非常高的标准，会不经意为自己制定很多固执、严苛的规矩。例如，完美主义者力求表现得毫无瑕疵，规定自己在呈交报告前要先检查多次。本来这是为了减少出错概率，但此举却让他们常常赶不上限期，反而给上司留下了不好的印象。其实，他们可以更灵活地处理这种情况，例如呈交报告前只检查一次，即使发现一些小错漏，也无须觉得如同世界末日来临一样。他们可以设计一个行为实验来测试一下，一份有小错漏的报告是否会引发灾难性的后果。

## 化整为零，解决拖延

除了反复检查的习惯，完美主义者还会出现拖延问题。而拖延问题又应该如何处理呢？

完美主义者会在工作上为自己制定很多高难度目标，例如，希望一星期内完成3份计划书。然而，他们一想到如此沉重的工作量，便觉得无法应付。当知道自己有拖延的倾向时，首先要调整那些不切实际的期望，重新制定一些在自己能力范围以内的目标。告诉自己，其实一星期内完成一份，且能保持不错的水平，就已经足够好了。

制定更贴近现实的目标后，我们可以把工作分成若干个小部分，每次做一点会比较容易达成，且压力也比较小，往后更有动力完成余下的部分。当完成了一小部分后，我们可以容许自己去做一些喜欢的事情作为奖励，如工作时间到茶水间喝一杯香浓的咖啡，或与同事聊一会儿天。不过有一点必须留意，应该在完成工作后才给予奖励，绝不是完成工作前，否则只会弄巧成拙。

在处理拖延的问题上，时间管理是非常重要的。我们应把要完成的工作列出，排列好优先顺序，然后紧守这个顺序来工作。工作时要保持专注力，所以最好是尽量远离会令我们分心的物品，如手机、电脑、电视等。时间管理的一个要诀是"切实可行"，这样才能较容易达成目标，减少拖延的倾向。

# 因为自卑，才这么努力争取成功！

正如阿德勒提出的那样，我们生而为人，在漫长的人生中不可避免地会有自卑感。童年时，我们已经开始拿自己和成年人做比较；长大后又会和不同的人做比较，然后为自己的成就不如他人而自卑。

当自卑感达到某一个水平时，我们会尝试补偿自卑感，以继续追求各种人生目标。这就成为一股动力，令我们努力地争取成功。不过，为了补偿自卑感，有时我们会为自己制定一些高不可攀的目标，结果反而使自己面对更多的挫折和失望。

有先天缺陷的人在成长的过程中可能会受到一定的挫折，因此较容易产生自卑感，然而只要他们能成功补偿自卑感，拥抱自己的不足，一样可以跨越障碍，为自己制定切实可行的目标，在人生的道路上逐步迈向成功。

例如，有一个人自小失去听力，需要佩戴助听器。虽然同事们对他都很友善，但他总是害怕自己的缺陷会影响其他人，因此只好付出双倍的认真和用心，希望弥补这一点不足。由于他谦和有礼、工作态度认真，所以和同事相处得很融洽，上司也对他颇为赏识。虽然他过往因为听力问题受到过不少歧视，也曾经为此感到自卑，但现在的他已经成功补偿了这种自卑感，把自卑感转化为动力，在职场和社交方面都有良好表现。

只要运用适宜的策略面对自卑感，我们也可以在人生中获得理想的成就感和幸福感。此外，如果我们能与他人联系，融入社群，便会发觉人群中的人类共同性。

为了补偿自卑感而努力上进，这一点我们每个人都一样啊！

第五章

嫉妒

争取资源VS恼羞成怒

　　俗语说:"一山更比一山高。"在生活中,我们总是无法避免拿自己与他人做比较,当发现别人拥有一些比我们优秀甚至是我们梦寐以求而不可得的东西时,我们会感到自卑;对于比我们优秀的人,我们会产生酸溜溜、愤怒的情绪,这种情绪被称为嫉妒。

　　上一章我们已探讨了自卑这一情绪,这一章我们重点说嫉妒。究竟我们为什么会嫉妒? 嫉妒别人对我们有帮助吗? 让我们来看看怎样处理嫉妒。

# 越接近越嫉妒

　　嫉妒是一种相当复杂的情绪，即使嫉妒的情绪出现了，自己也未必会发现，而且嫉妒通常也会伴随其他情绪而来，令人难以辨识。

## 自我概念的重要项目

　　有一些学者认为，嫉妒的核心是社会比较（Social Comparison）。当有些人拿自己与他人比较时，便意识到自己缺乏哪些物质、能力或经历。然而，同样是与比自己优越的人比较，有些人会产生嫉妒的情绪，有些人却不然，这又是什么缘故？

　　影响嫉妒情绪的一个因素是，对你来说，目前比较的事项有多重要。

　　对于大学毕业生来说，事业发展是他那一阶段中很重要的部分。一名大学生刚毕业时投了很多简历，但大多都石沉大海,后来几经辛苦,终于在一家规模较小的贸易公司找到一份文职工作,薪酬待遇很一般。最近他参加一次大学同学的聚会时,发现昔日一起吃喝玩乐的同窗竟然入职了一家跨国大企业,年薪近百万元。他知道后顿时觉得自惭形秽,心里也酸溜溜的,在羡慕老同学薪水高、有前途的同时,又有点儿不服气,觉得自己好歹以二级甲等荣誉毕业,居然在职场上输给了这个二级乙等的小子。然而二人向来情同手足,他又隐约羞愧于那份不应该的嫉妒。

这位年轻人十分看重自己的事业前途,所以倾向于拿事业发展如意的老同学与自己做比较,继而嫉妒对方的际遇比自己好。如果所比的不是事业,而是他不太在意的外表,那即使对方长得再俊朗,他也不会产生嫉妒情绪。

所以,一个人对社会比较的层面有多重视,往往取决于他的自我概念(Self-concept)建立于什么因素。当一个人与其他人比较,只有在他在意的层面上逊色于他人时,他才会感到自卑及嫉妒,比如女生非常在意自己的容貌,就容易嫉妒长相比她漂亮的人。

## 为何更易嫉妒亲人？

另一个影响嫉妒程度的因素，是自己与比较对象的关系。相比起点头之交，人们更容易嫉妒自己的好友或亲人。由于两个关系亲密的人，很多时候都拥有相同的资源和机遇，因此当其中一人与另一位较优秀的做比较，并意识到自己的成就比不上对方时，便会倍感自卑，产生嫉妒情绪。

例如，一对兄弟的成长背景相同，享有相近的资源和机遇。当他们长大后，弟弟的事业发展得一帆风顺，而哥哥的餐厅生意却经历了很多挫折。多年下来，哥哥也可能不自觉地嫉妒着弟弟。

弟弟自小长相讨好，在学业和运动等方面都很出色，很受长辈喜爱。从前的家庭聚会中，大家总是谈论和赞赏弟弟，使哥哥觉得自己像个"多余"的孩子。长大后，弟弟顺利成为政务主任，享有高薪厚遇；而哥哥为了不被人看扁，毅然与几个朋友合伙开餐厅。餐厅开业初期生意不错，收入可观，哥哥为此感到非常自豪，觉得终于有比弟弟优胜之处了。谁料一次集体食物中毒事件，令哥哥的餐厅名誉扫地，生意一落千丈。为了不让自己的心血付诸东流，哥哥不惜借钱继续经营,以致债台高筑,无力偿还。弟弟知道哥哥的处境后,主动借钱给哥哥还债。

哥哥想到弟弟自小占尽优势,如今算是把一小部分的运气偿还给自己,于是不客气地接受了弟弟的援助。由于他们一家人向来关系密切,两人之间的关系一直在提醒哥哥,他比不上弟弟。

## 相似度越高,比较越多

在社会比较中,两人的相似程度越高,越可能引起嫉妒情绪。

人们可能会与他人比较不同的特质,如才智、受教育程度、财富等,即使不比较这些人生中较重要的特质,也可能将一些较次要的特质进行比较,如性别、年龄等。事实上,即使两人只在一些次要的特质上相似,也可能在社会比较下产生嫉妒的情绪。

例如,一位部门经理,她知道上司即将退休,现在就要选定其总监之位的接任人。她本来认为自己的能力和贡献都比另一位候选人更强、更大,怎料最后竟错失总监之位,这使她气愤难平。两名本来职位相当的同事，工作背景相近，结果他人晋升为部门总监，这令当事人嫉妒不已。她一方面认为公司漠视她的功劳，另一方面又想起她撞破过她的竞争对手与公司高层约会，故怀疑对方靠旁门左道获得擢升。她的这些想法及愤怒的情绪，也可视为嫉妒的一种表现。

## 自卑心触发嫉妒

自卑感是引起嫉妒情绪的一种因素，也会触发对嫉妒对象的愤怒。因为愤怒，感到嫉妒的人可能会恶意地希望对方失去美好前景，尤其是当他认为对方是以不正当的手段获取优势的时候。

例如，上节提及的部门经理，她错失总监之位，认为遴选不合理，觉得对手不是靠个人实力，而是靠关系获得晋升的。她想通过在公司广传不实的绯闻来打击对方的名声，令公司里的人怀疑她的对手以不正当的手段取得总监之位。

事实上，当嫉妒的人看到对方遭遇不幸时，他们会感到高兴，这就是所谓的幸灾乐祸。由于嫉妒对象遭受损失，减轻了嫉妒者的自卑感，嫉妒者更可能会因此产生优越感。

有一名女大学生，一直认为男友不够体贴、不够豪爽，并对此不满。当她在社交平台看到有位同学经常炫耀有一个条件很好的男友，既管接送又送很多礼物时，她便觉得心里很不是滋味。她把自己和女同学进行比较，认为对方根本比不上自己，因此埋怨上天不公道。她自此常常浏览对方的社交平台，想窥探对方的近况。有一天，她发现那位同学失恋了，竟为对方的不幸而感到高兴。她本来因为把自己的男友与对方的男友做比较而感到自卑，但当她知道他们的关系并不如想象中甜蜜时，对于自己拥有那个"不济"的男友的自卑感便减轻了。

有时候，嫉妒者会因为自己嫉妒他人而产生愧疚感。当意识到自己不应希望别人遭遇不幸时，这种心态会令他们陷入道德斗争中。例如，那位女大学生意识到自己因为同学失恋而感到高兴的心态不妥，觉得很内疚，她可能会尝试压抑自己不怀好意的想法，以关怀取而代之，甚至会主动慰问她。

# 提升竞争力VS恼羞成怒

嫉妒是复杂且多元的,因为它包含多种基本情绪,最常见的是对缺乏事物的渴望、自卑感、对嫉妒对象的愤怒、愧疚等。它同时也是人类最常见的情绪之一。到底嫉妒是怎样从人类演化中发展出来的呢?

## 从缺乏资源到争取资源

嫉妒情绪涉及演化元素,那么我们先要理解"嫉妒对人类有好处吗?"这一问题。

正如前文提到的,嫉妒的核心是社会比较。事实上,社会比较对于人类社会来说非常重要,它能帮助我们争取有限的资源来生存和繁殖。为了争取到足够的生存资源,我们要与同类竞争,并成为较优越的一群。

嫉妒的情绪,其实可以帮助我们专注于自己所缺乏的资源,以便投放更多的努力去超越其他竞争者,获取我们所需。如果没有嫉妒的感觉，我们可能不会努力地从同类中突围而出。以前文提到的部门经理为例，她嫉妒对手升上总监之位，嫉妒情绪的正面影响可能会使她更有动力努力地去工作，她可能很快获得另一次升迁机会。

## 提高竞争力的两个方案

当一个人嫉妒别人时，他会尝试通过两种方法去提高自己的竞争力，其中一种是使自己变得更具吸引力。例如，一名女性如果嫉妒她的朋友漂亮，她会刻意把自己打扮得更明艳照人。

另一种提升竞争力的方法便是降低对方的吸引力，例如有位女士嫉妒朋友比她漂亮，为了降低对方的吸引力，可能会散播不利对方的流言，比如说她嗜烟、嗜酒、男女关系混乱等，让社交圈子里的朋友不喜欢她。人在嫉妒情绪中产生希望对方遭遇不幸的愿望，实现且促进了这个演化作用。

而当人产生嫉妒之心时，很自然地不想让其他人知道，生怕让其他人觉得被嫉妒者比自己优秀，所以极力掩藏自己的心思。因此,嫉妒者会利用社交圈子里含糊的信息来影响别人对自己及对方的观感。

例如,那位部门经理因为不想让其他同事觉得她工作能力比不上她的竞争对手,所以极力掩饰自己的嫉妒心;而当竞争对手的不伦绯闻在公司广传,大家质疑其能力和手段时,她和对方在公司中所处的形势就会发生逆转。大家会不齿于对方人品之卑劣,并替当事人错失总监之位感到不值。

## 嫉妒成羞,恼羞成怒

尽管嫉妒有其好处,但也会引申出"经常嫉妒会对心理造成影响吗?"这样的问题。

我们总是跟自己相似度高的人做比较,然后通过这些社会比较来判定自己在某些领域成败与否。有时候,当发现别人比自己优秀,我们会产生挫败感,感到羞耻。以前文的两兄弟为例,因为弟弟自小便很优秀、讨人喜爱,这让哥哥长期处于强烈的挫败感和自卑中,却又无法接受自己嫉妒弟弟,所以恼羞成怒。

愤怒与嫉妒也有关联。事实上,嫉妒者一般无法接受自己的嫉妒情绪,而将之压抑或掩饰,于是自觉没得到公平对待的嫉妒感会转化成愤怒,当这种愤怒无法舒缓时,就会给嫉妒者的心理健康和幸福感带来负面影响。

嫉妒者大多留意不到自己其他方面的优胜之处。其实,与比自己优秀的人做比较,会令人无法客观地评估自己的正面特质,例如,那位部门经理只看到竞争对手获得晋升,工作表现得到认同,但她忘记了老板也曾赞赏她对公司的贡献很大。嫉妒情绪会妨碍她以晋升以外的其他标准来肯定自己的能力和付出,其实客观评估就可提高她的自信心。如果部门经理仅视晋升为公司对自己最大的肯定,那么她一向令上司满意的工作表现便会失去其价值。

此外,嫉妒情绪会损害嫉妒者的人际关系,令他们难以在社交圈子中与他人维系良好的关系。例如,当嫉妒者获嫉妒对象帮助时,他们未必会为此感恩。试想那两兄弟,哥哥欠下巨债,继而接受弟弟的金钱援助。由于哥哥认为弟弟向来比他幸运,占尽优势和宠爱,如今在财政上支援他也是理所当然。哥哥对于弟弟的付出完全不心怀感激,在以后的家庭聚会中，他可能对弟弟的态度依旧，甚至变得更恶劣，从而破坏手足之情。

如果嫉妒情绪会给我们带来负面心理影响，而我们又无法避免嫉妒别人，那应如何更好地化解内心的嫉妒，获得更高层次的幸福呢？

# 嫉妒，令你更好地认识自己

　　从心理学角度来看，嫉妒的情绪给我们传达了最少3件重要的事情：

　　其一，它让我们更深刻地了解自己的欲望，并把心力重新集中于实现这些欲望。

　　其二，当与他人进行社会比较时，它指出了我们在某方面存在的不足，让我们更努力地去提升相关的竞争力。

　　其三，因嫉妒而对某人产生愤怒情绪时，若我们冲动地表达愤怒，或开始疏远这个人，与对方的关系便会随之消失。如果我们尝试对被嫉妒者的观感再次进行评估，可能会发现他的成功并不是靠旁门左道实现的。若明白本身的偏差观感有时并不真实，我们便愿意重新与某人联系，改善人际关系。

　　因此，我们可就以上3点及时以一种更尊重和欣赏的态度与对方修补关系。

## 辨识欲望的底蕴

当我们嫉妒某人，这是一个很好的了解自己的机会，它能推动我们去思考在我们生命中什么是最重要的事情。嫉妒的情绪会告诉我们，我们一生中极力追求的是什么。可能是财富、美貌、名声，或其他，然后我们可以进一步思考，这些欲望背后，是否存在扭曲或不合理的因素。

例如，你很希望拥有一个富有的男友，认为拥有了他就会得到最大的快乐，那你下一步可以想一下这个"假设"会带来的各种不同的后果。假设拥有一个富有的男友可以令你十分快乐，你可能会因为希望吸引条件好的异性而过于注重外表。基于这个假设再深入地思考，你可能会发现自己因为过于注重外貌，造成饮食失调，而这个问题又会令你变得不快乐。为此，你需要重新审视"有个富有的男友最快乐"这个假设到底是否真正成立。

要想认真反思嫉妒背后的欲望，首先，应评估一下这些欲望是否是我们真正想要的。其次，如果这些欲望是合理的，那么我们应评估用什么方法来达成这些欲望对身心最有利、最有益处。最后，我们应该把专注力重新调整到通过健康的途径实现目标,而不是放在经常嫉妒别人上。

## 接纳自己的不完美

有时候,我们与他人进行比较时,会发现自己的不足。请接纳这些不足。例如,有些同学因嗓音清亮而被选拔加入学校合唱团,为学校夺得不少校际音乐奖项,他们当中甚至有人参加了电视台的歌唱比赛,得到更多人的赞赏;相反,自己唱歌气若游丝,与他们相比有如云泥之别。在某一领域与相对优秀的人做比较,不足之处显而易见,我们不得不接受且正视自己的弱项。要知道,唯有坦诚面对自己的短处,我们才可以更准确地了解自己的优点与弱点。

培养自我关怀(Self-compassion)可以帮助我们拥抱自己的不足。当代心理学家克里斯汀·内夫(Kristen Neff)提出,自我关怀包含3个元素。

1. 善待自己(Self-kindness):以仁慈的态度面对失败和弱点。

2. 静观（Mindfulness）：能够接受弱点和失败带来的痛苦，但不会过于认同它们。

3. 人类共同性：了解到自己的经历并不是独特的事件，在其他人身上也有可能发生。

通过培养自我关怀，我们更容易接纳自己真实的模样，容忍自己的不足之处。只有更愿意接受自己的弱点，我们才可以用一些较健康的方法在这方面加倍努力、力求进步，制定较为实际可行的目标，进一步克服我们的不足。

## 将嫉妒对象变为学习对象

嫉妒者很容易把竞争看成一场"零和游戏"——嫉妒对象的成功，便意味着自己的失败。出于羞耻或自卑，他们容易与嫉妒对象断绝关系，或者脱离与嫉妒对象相关的社交圈子。

如果嫉妒者学习着眼于自己而非别人，他们会更乐意以一个全新的角度看待被嫉妒的对象，并与对方重新建立关系。此后，对于嫉妒者来说，被嫉妒的对象可能会转化成自己的学习对象，嫉妒者甚至会在某个时机寻求对方的协助来实现自己的目标。这个双赢的局面，可以改善两人之间的关系。

最后一个重点是，通过重新建立友好关系，我们可以从一个较客观的角度去评估自己对嫉妒对象是否有一些偏颇的看法。有时，我们可能会发现，对方的成功并不是靠天生之才或命运眷顾，而是以长年累月的辛勤和牺牲换取的。因此，重新建立关系，才可以让我们看清楚事实的全部，放下芥蒂，并学习对方的长处。

## 拥抱嫉妒，反思欲望

生而为人，注定无法逃避嫉妒这一重要情绪。我们回溯人类演化的过程，了解到古人通过社会比较来争取更多生存和繁殖的资源；即使身在现代社会，竞争也在所难免。因此，不同的情景都可能会引发我们的嫉妒心，不要紧，拥抱它吧！

经过彻底反思，我们可以从中找到嫉妒背后的欲望和需求，继而学习如何使自己更优秀，并与他人维系和谐友好的关系。

第
六
章

吃 醋

联系之情VS伤害关系

上一章我们探讨过嫉妒这一复杂情绪，起因是当一个人与另一个人做比较时，发现对方比自己优秀或对方拥有的更多。在这一章中，我们会讨论另一种容易与嫉妒混为一谈的情绪——吃醋。吃醋不同于嫉妒，它往往出现于三角关系当中，当事人感觉到自己的一段亲密关系被另一个竞争者威胁着。

我们一生中拥有很多种不同的关系：父母、兄弟姐妹、朋友、伴侣等。在这些关系里，我们能与他人联系，而且感觉到被需要，这令我们很有满足感，而我们的自我概念可能或多或少也会受这些关系影响。由于这些关系在人生中有重要价值，"竞争者"的出现可能会影响甚至使我们失去与亲近的人所建立的关系，继而产生一种复杂的情绪，这就是吃醋。

相信每个人都体验过吃醋的感觉，但我们需要探究的是，我们究竟为什么会吃醋？当我们吃醋时应该怎么办？

# "失宠"的恐惧

　　有时候，"竞争者"会给我们的关系带来损失，这种情况可能是真实的。一个女生对于男友与其他女生互称"干哥哥""干妹妹"，还私下频传信息或单独约会，感到十分苦恼。有一次男友表示要带"干妹妹"回他自己家吃饭，又婉拒同自己一起回家见父母。男友的种种行为都令女生觉得自己的地位比不上所谓的"干妹妹"，而且这位"干妹妹"也分走了男友对自己的爱和关注，并威胁到她和男友的恋爱关系。两人为此发生争执，女生一怒之下把同居的男友赶出家门。

　　不过有时候，"竞争者对我们的关系造成威胁"这件事，可能仅是想象而已。有些人总是无法信任伴侣，即使伴侣表现得十分循规蹈矩，他们还是会时常疑虑，担心对方会背叛自己。为了"守护"非常重视的恋爱关系，他们会密切关注伴侣的一举一动，留意对方是否有背叛的迹象。

还有个女生，知道男友为了出席朋友聚会而不能陪自己吃晚饭时，她随即想到男友必定会乘机结识异性，继而出轨。她在毫无实质证据之下，不断担心男友会约会其他女性。因为缺乏安全感，她强行在男友的手机中安装定位软件进行"监视"，以掌握男友的一举一动，却没考虑到此举其实给男友造成了困扰。即使这段关系根本不存在背叛行为，但因为怀疑对方而虚构出来的威胁，也可能会造成伤害，使对方滋生不满情绪，进而影响两人的关系。

## 恋爱关系以外也可能吃醋

恋爱以外的关系，也可能令我们体验到吃醋的情绪。兄弟姐妹是彼此成长阶段中很重要的同伴，但同时他们也会互相竞争父母的爱及其他资源。

有一对双胞胎姐妹，向来各有优点，姐姐长相甜美漂亮，妹妹学习成绩优异，名列前茅。她们自小分别因样貌和成绩而备受称赞，不过还是会嫉妒对方的优势。当母亲称赞姐姐长得好看时，妹妹心里就会觉得不是滋味；当母亲称赞妹妹成绩好、光耀门楣时，姐姐心里也会觉得酸溜溜的。

她们都觉得，得到母亲更多的认同，就等同于得到更多的宠爱。由于她们从小便视对方为竞争对手，所以关系并不和睦。最近，父母正计划让其中一个女儿到美国读书。两姐妹都希望得到出国留学的机会，以证明父母比较宠爱自己，为此起了争执。父母在一旁看见两姐妹伤了和气，感到万分无奈。

除了以上的例子，吃醋也可能出现在朋友或父母与子女之间。例如，3个平日总是形影不离的闺密，若其中一人知悉另外两人有秘密聚会而没有自己的分时，便会萌生醋意。又如，母亲一向与儿子很亲近、感情很好，儿子结婚后较少陪伴她，她可能会觉得是儿媳妇把儿子抢走了，因而吃醋。

## 怀疑性嫉妒：因"自我价值低落"

由于吃醋可以出现于不同类型的关系中，很多心理学家把它定义为一种复杂的情绪。如果要解说吃醋最初可能涉及的情绪，首先可从恋爱关系开始讨论。

在一段恋爱关系中，只要出现任何潜在威胁，即使欠缺实质的证据，也足以令人醋意大发。因为怀疑遭伴侣背叛，以及潜在竞争者威胁到自己重视的关系，吃醋的人会感到焦虑和不安。当一个人认为这段关系很重要，而他（她）又对自我概念的认知感到不安的话，便很容易胡思乱想，如伴侣是不是与其他异性正在发展一段很甜蜜的关系？同时还会非常敏感地寻找伴侣减少关注自己的蛛丝马迹。有时候，这种吃醋的感觉会伴随其他情绪（如愤怒）出现。当男友为了其他事情而拒绝与自己约会时，女生可能会感到愤怒，因为觉得男友更重视第三者（她幻想出来的）。

相反，如果第三者威胁确实存在，并导致我们在一段关系中有所损失，就会产生与事实相符的吃醋感。例如，上文提到的"干哥哥""干妹妹"，女生最后发现男友和"干妹妹"的关系不只如兄妹般简单，她会因一个确实存在的威胁而产生醋意。因为洞悉真相，她的焦虑感会比较少。如果她在意的是和男友之间关系的破裂，那么她会感到悲伤；如果她在意的是男友背叛了她，则会感到愤怒；如果把与男友感情的破裂归咎于自己不够好，她会感到抑郁和焦虑；另外，一想到男友和"干妹妹"展开新恋情后关系甜蜜温馨，她会感到嫉妒。

人们经历的吃醋感是来自子虚乌有的怀疑，抑或证据确凿的背叛，并不在于客观情况，而在于当事人如何主观地评价威胁。就算客观情况确实存在，若当事人没有主观地做出怀疑，也不会吃醋。换言之，即使男友和"干妹妹"只是单纯的朋友关系，女生也可能会主观地认为他们互有情愫，把"干妹妹"视为威胁。

# 吃醋在为三角关系消除威胁

吃醋是一种人类复杂的情绪，却对我们的演化生存有特别的作用。这种情绪可以从脑神经科学的角度来理解吗？对我们又有什么作用呢？

对原始人类来说，社会联系是对生存很重要的元素，可以满足生理需要（如食物、居所）和社交需要（如归属感、交流和支援）。因此，保护并维系各种社交关系，可以增加原始人类生存和繁衍的概率。

## 被排挤的痛楚

有心理学家指出，人类要有吃醋的能力，必先具备特定的社交认知技巧，明白自己正被排斥于一段三角关系外。如果在婴儿时期，婴儿与照顾者分开后，其生物学上的预设机制会启动，以重新建立与照顾者亲密而排外的关系，例如婴儿会以哭喊声来再次引起照顾者的关注。不会说话的婴儿已经有基本的社交认知技巧去吃醋，有时，婴儿会因为照顾者与第三者的交流而产生吃醋感，有时则未必一定要有外来的威胁。

而且当照顾者停止与婴儿交流时，婴儿会出现受压的反应。简单来说，婴儿的边缘系统（Limbic System）评估了与照顾者分离的威胁，从而引起生理性的压力反应。婴儿如果有吃醋的情绪，他会体验到与照顾者分离的难受感觉，而且会做出一些行为以示回应。

也有研究显示，当动物因为与照顾者分开而感到难过时，它们脑内的中脑导水管周围灰质（Periaqueductal Gray）[1]、杏仁核及前扣带皮层都会变得活跃，这个情况与感受到身体痛楚时的情绪反应一样。这些脑部变化，也出现于成年人在参与球类集体游戏时受排挤的时候。

## 维持社交联系的行为

当一个人被排斥于一段三角关系之外时，他可能会通过某些行为来重夺社交联系。有一些心理学家认为，这些以重夺关系为目的的行为，与我们的多巴胺系统（Dopamine

System）连接伏隔核（Nucleus Accumbens）的活动有关。

当人们预计到愉悦感会出现时，脑内的多巴胺网络（详见第一章的奖励系统）便会令我们做出趋向有愉悦感的行为。触发多巴胺网络活动的行为，也有助于调节被排斥于三角关系外的难受感觉。女生因为吃醋而跟同居的男友起冲突，一怒之下把男友赶走，结果感到很伤心、很失落。她若预期与男友重建亲密关系后会得到愉悦感，可能会关心和讨好对方，与男友和好如初。

到目前为止，针对吃醋感的脑神经研究仍处于起步阶段。我们需要更成熟的研究技术，科学家方可更深入地了解这种特殊且复杂的情绪。虽然如此，我们暂时至少可以推断吃醋感有其独特的演化作用，让人类维系社交联系。就功能方面而言，吃醋感可在三角关系中发挥消除威胁、保卫原始关系的作用。

# 依附模式与吃醋程度

　　由于吃醋感的核心在于保护社会联系，那我们与重要的人建立的依附模式（Attachment Style），会影响我们感到醋意的倾向吗？

　　"一段依附关系是与另一个人建立的感情上的亲密的联系。"根据依附理论之父约翰·鲍尔比（John Bowlby）的说法，孩童依附照顾者有其演化上的必要。一个婴儿会尽量靠近最亲近的原始照顾者，以对方为安全感的基础，在面临威胁或危险时极力靠近这个依附对象。因此，照顾者对于我们日后发展不同的依附模式有深远的影响。当婴儿哭闹的时候，有些照顾者会立刻抱起婴儿安抚，有些则可能不予理会。婴儿会根据这些经历，渐渐建立起对照顾者以及其他人的期待。

## 4种依附关系，你是哪种？

根据发展心理学的学者玛丽·安斯沃思（Mary Ainsworth）的学说，婴儿的依附类型可分为4种。

安全型依附（Secure Attachment Style）的婴儿，与重要照顾者分开后虽然可能会不高兴，但照顾者回来后很快可以把他们安抚好。这种类型的人较有自信，而且相信自己得到了照顾者的爱和关怀。幸福的人拥有正面的情绪，包括快乐的感受和满意于自己的生活。

逃避型依附（Avoidant Attachment Style）的婴儿，对于重要照顾者的离开和回来表面上会表现得很冷漠，但其实是因为分离对他们来说是很大的创伤，因此即使看到照顾者回

来，也放弃向照顾者寻求关怀与安抚。于这种类型长大的成年人，有可能害怕拥有一段依附关系，有些人可能会认为自己不需要有依附关系。

矛盾型依附（Ambivalent/Preoccupied Attachment Style）的婴儿，非常在意照顾者的一举一动，即使他们在与照顾者团聚时，很想亲近照顾者，但心里仍然会充斥着不快，因此会向照顾者大发脾气或者躲开照顾者以示拒绝。于这种类型长大的成年人，对于依附关系的态度正面，但他们会很担心被遗弃，也会很害怕自己不够好、不值得被爱。

　　混乱型依附（Disorganized Attachment Style）的婴儿，对照顾者的态度并不一致，面临危险时他们会依靠照顾者，而同时又想避开照顾者。原因是对于这种类型的婴儿来说，照顾者有时可以给予他们安全感，有时却是威胁或危险。于这种依附类型长大的成年人，非常担心会被伴侣遗弃，然而对于可能要与伴侣分离的情况，反应很不一致，容易令关系无疾而终。

## 吃醋轻重与依附类型

重要的关系令我们容易吃醋，因此依附关系与吃醋感之间存在一定的联系。有研究发现，安全型依附的人不太容易吃醋，他们认为自己与伴侣的关系比较稳定。事实上，安全型依附的人不容易把其他人评估为"入侵对象"，直到威胁情况变得非常明确时，他们才会表现出吃醋的情绪，例如向伴侣表达愤怒。强烈的吃醋反应可以制止伴侣与竞争者进一步建立更亲密的关系，从而保护自己的依附关系。

矛盾型依附和混乱型依附的人对伴侣的信任度较低，而且他们倾向于认为自己不值得被伴侣爱慕。他们会做出很多监视他人的行为，例如检查对方的电话、查问行踪，以找出对方疑似不忠的蛛丝马迹。正因为这种类型的人对自己和伴侣都缺乏信心，当依附关系中出现了威胁时，他们很容易便会吃醋。他们在面临含混不清、可能有威胁的处境时，会表现出异常强烈的吃醋反应。有些人会强行压抑心里的愤怒，避免发泄在伴侣身上；有些人可能会向伴侣大发脾气，或者有意无意地拒绝伴侣接近。至于最后到底会表现出怎样的吃醋反应，则取决于各人不同的性情。

逃避型依附的人似乎最不受关系中的威胁影响，在面临含糊但有可能的威胁时，他们较少有吃醋的表现。然而当威胁被证实后，他们不会责怪或发泄情绪到伴侣身上，反而会迁怒于竞争者，甚至仇恨对方。

吃醋源于很多不同的因素，尽管学界未有一致的研究结果，不过可以肯定的是，人类总是极力逃避这种情绪的负面影响。如果想与伴侣维系更美好的依附关系，我们应该如何处理自己的醋意？

# 消除醋意要先建立觉察力及自信

吃醋是一种复杂的情绪，其中的确五味杂陈，有焦虑、有悲伤、有愤怒、有自卑、也有嫉妒等。

当面对潜在竞争者入侵自己的依附关系时，当事人可能会倾向于寻找伴侣不忠的证据，其间因此经历焦虑。恋爱关系里的威胁一经证实，他们可能会因为失去伴侣完全的爱而感到悲伤。如果当事人纠结于被伴侣背叛，则会感到愤怒。另外，如果当事人把伴侣不忠归咎于自己的不足，就会产生自卑感。如果当事人想到伴侣与新情人相处得非常甜蜜美满时，便可能会感到嫉妒。吃醋者有可能在一段三角关系的某段时期或不同时期，感受以上多种情绪。

## 提高觉察力，化解认知扭曲

如何应对以上的各种情绪，本书其他章节已阐述适当的策略，大家可随时翻到相应的章节参考。整体而言，经历吃醋时，第一步，也是最重要的一步是要察觉与之相关的情绪，留意自己的生理反应、想法和行为，提高我们对情绪的觉察力。正如其他章节也介绍过的那样，静观可以改善情绪觉察力。唯有知道自己的吃醋感关联到哪些情绪，我们才有更多空间去处理关系里的漏洞。

第二步是反思某种情绪背后的内在问题。当女生察觉到自己因为男友与"干妹妹"的关系过于亲昵而愤怒时，经过反思后，她可能会明白，她之所以感到愤怒，是因为她把男友的行为视为不忠，即彼此存在不信任感。在这种情况下，女生应首先调整情绪，直至把愤怒降至可控制的程度，然后找机会用理智、成熟的方式向男友表达她的不快。如此，男友才能明白女方到底为了什么事情而愤怒，继而适度地调整与"干妹妹"的相处方式。

深入反思问题之后，我们可以分析一下某种情绪带来的认知。当女生觉察到自己非常担心恋情会出现威胁时，需要留意自己的思想是否受到认知扭曲（Cognitive Distortions）的影响，或是把情况想得灾难化。女生一见到男友与"干妹妹"发信息，就一下子联想到他们瞒着自己交往，男友很快就会离开自己。若意识到自己有认知扭曲，便应该把想法调整到较符合现实的程度,减少多余的忧虑以及对潜在威胁的幻想。正如男友和其他女性发信息,这只能说明他们有联络,但单凭发信息这一行为并不能证明他们之间存在暧昧关系,不能说明男友已经不爱自己了。

一旦处理好内在的情绪,便能调整情绪引起的行为。例如,在没有实质证据下怀疑恋人不忠的人,应减少追问对方行踪和检查电话的行为,因为这些行为对一段恋爱关系并没有实质益处,反而会令对方觉得不被信任而反感。

## 找出依附类型,去除童年阴影

正如上文所述,个人的依附模式与吃醋感互相影响,以至在依附关系中有不同的表现。如果没有经过仔细的心理辅导,我们很难发现自己属于哪一类的依附类型。一般而言,有惨痛或不愉快童年经历的人,较容易建立非安全型依附的类型。这种类型的人如果要处理依附问题,有专业人士帮忙的话效果会比较理想。

处理依附问题的第一步是修补童年经历中照顾者带给我们的伤痛。很多时候这些负面的童年经历都被埋藏于记忆深处，当事人大多没有察觉。在辅导的过程中，当事人需要通过倾诉和认知分析重拾这些童年经历。辅导员会以同理心耐心聆听，并配合其他心理治疗的技巧，帮助当事人修补伤痛。

处理依附问题的第二步也是相当重要的，就是让当事人与重要的人，如伴侣或治疗师，建立起有安全感的关系。如果可以，有时候让当事人与父母修补关系有很大的帮助。如果成功与父母重修旧好，当事人可以由此得到安全感的基础，乃至情感支援，重新建立起安全型依附关系。如果无法与父母修补关系，也可建立其他重要的关系作为安全堡垒（Secure Base），从其他人身上获得长期的爱和支持。在一些心理辅导的个案中，当事人学会了成为自己的"家长"，以自给自足的方式成为自己的安全堡垒。

当童年创伤痊愈而又获得安全堡垒时，我们需要留意自己在依附关系中是否做出了一些因吃醋而起的不当行为。例如，缺乏安全感的女生应该留意到，频繁地检查男友的手机，其实会令双方都不愉快。当发现自己的行为不当时，可以改用其他更为妥当的行为方式来表达自己对这段关系的重视。此时，女方应该学会信任，给彼此留有空间，让男友自由地参与朋友的聚会。伴侣在这段关系中感受到的痛苦越少，感情破裂的可能性自然也越低。

## 3个方式培养自我关怀

我们的自我概念，多建立于生命中重要的关系，如果这些重要的关系一朝消散，我们的自我概念可能也会因此而瓦解。在最极端的情况下，我们可能会把失去关系归咎于自己没有价值、不够好，然后进入抑郁的"死胡同"。

如果想与伴侣建立健康的依附关系，我们自己也要先建立一个健康的自我概念，学习照顾自己，在独立与依赖伴侣之间取得平衡。培养自我关怀，也可让我们实现健康的自我概念，我们重要的关系也会由此受益。

什么是"自我关怀"？心理学家克里斯汀·内夫提出，自我关怀包含3个元素。第一个元素是对自己仁慈，无须过度自我批评和审判，生活中受伤时多照顾和安抚自己的情绪。即使简单如难过时拥抱自己一下，也足以平复情绪和减少一些受压的反应。留意一下自己有没有常常自我批评。调整过分严苛的标准，便是自我关怀的一种表现。学着对自己仁慈一点儿、友善一点儿，发掘并欣赏自己的长处和内在美好的特质。善待自己的人会发出温柔、自信、坚毅的光芒,让世界都看见。

第二个元素是承认人类共同性,即要明白我们人生的经历跟其他人有很多相似的地方,我们与他人有着同样的问题、弱点和苦痛。因此,我们既不会再感到孤单,也能在群体中产生更强的归属感。这样可以让我们减少与其他人做比较的行为,从而建立更健康的自我概念。

第三个元素是静观。静观是指以接纳、不加批判的态度去专注、观察当下一刻的体验,让我们不压抑又不夸大地留意自己的烦恼和痛苦。例如,我们会更留意自己吃醋时连带产生的其他情绪,并在做出鲁莽的行为之前,好好地观察这些情绪。

# 了解吃醋原因，守护宝贵关系

　　生命中有些关系是我们所珍视的。吃醋的作用，就是令我们觉察自己有多重视这段关系，并在潜在威胁出现时激励我们以行动捍卫和守护宝贵的关系。

　　了解由吃醋而生的反应很重要，因为只有发现自己的情绪是怎样存在的，才可以让我们控制好自己的行为，然后与重要的人维系健康的关系。以自我关怀的态度面对自己的吃醋感，再学习不同的策略来处理这种令我们不好受的情绪，让彼此都在这段关系中活得舒适自在。

第七章

愤怒

铲除障碍 VS 失控迁怒

去电影院买票的时候有人插队，伴侣答应做的事情最后没有完成，分配工作时下属态度恶劣无礼，等等。这些生活中的琐事，都可能令我们生气。

当一个人的目标主导行为（Goal-oriented Behavior）受到限制或者干扰时，愤怒的情绪便会由此而生。例如，为了尽快到达目的地而开快车，当遇上交通意外导致堵车时，我们便会产生愤怒的情绪。有时候，我们会因为身在痛苦之中而将愤怒转嫁到其他人身上，甚至迁怒于自己。

你有没有经历过因为愤怒而做出一些令自己后悔的事情？其实，愤怒会导致我们产生认知偏差，影响我们对事情的判断，继而做出不理智的行为。

# 以怒气铲除人生障碍

学界虽仍在争论如何准确地定义愤怒，但至少已就几个愤怒的元素达成共识——愤怒时会产生某些既定的末梢神经反应、脑神经活动、身体感觉、主观的感受，以及体验、认知和行为。

一个人如果感到愤怒，必然会触发大脑某个部位的活动以及末梢神经系统的反应。例如有研究发现，大脑颞叶（Temporal Lobe）[1] 与愤怒情绪有关，颞叶功能失衡的人，爆发愤怒情绪与攻击行为较频繁。

当我们愤怒时，不可能知道自己脑内正发生着什么事情，但我们却可以感受到由此而生的身体感觉，如呼吸急促、心跳加快和冒汗。每个人在生气的时候所产生的身体反应可能都不一样。当人在盛怒之际，未必能清楚地意识到自己正在经历愤怒，也无法留意到相关的身体反应。如果我们更有意识地留意自己的情绪反应，就会发现生气时会产生一些主观感觉。

　　有一名部门经理要求下属撰写一份计划书，好让他说服董事会投资网上购物平台，如果业绩好，他便有望接任即将退休的上司，升任运营总监之位。谁料他最后收到的计划书跟他所期望的大相径庭，他一方面思量着怎样向董事会交代，另一方面回想起那名下属上个月申请放年假而自己没有批准之事。

　　根据过往对下属的观察，他不认为那名下属会写出如此水平的计划书，所以他怀疑对方这样做是出于报复。当他想到自己的"升职梦"泡汤，想到下属"不安好心"时，便触发了非常强烈的愤怒情绪。他抑制不住愤怒，在一众同事面前大发雷霆。他当时心跳得很快，呼吸也很急促，面红耳赤、咬牙切齿的样子令人望而生畏。

## 是否威胁到自身利益？

　　愤怒时除了产生身体感觉和主观感受，也伴有认知过程，就是人如何主观地评估某个处境或事件，而一个人的认知评价，会影响到他是否感到愤怒，或怎样体验愤怒。

人会专注于与自己相关的处境或事情上，也只有关乎自己的目标和利益时，他才会觉得该处境或事情是重要的。假如有一个人把眼前的事物或处境评价为会阻碍自己实现目标，这便会触发他的愤怒情绪，令他有动力去消除障碍物。例如，经理把下属递交的不够理想的计划书视为他事业上的绊脚石，会影响高层对他的印象，使他不能升职，又认为下属是有心为之，这个认知评价便令部门经理对他的下属感到更加愤怒。

愤怒情绪的产生，取决于当事人的主观认知评价，因此即使面对同一件事，不同的人可能会有不同程度的愤怒情绪，有些人甚至不会感到愤怒。

人在不同情绪下会有特定的行动倾向，例如恐惧的时候想要逃走，厌恶的时候想推开面前的东西，而愤怒的时候也会有一些具有攻击性的表现，以消除阻碍我们实现目标的事物。其实这些行动就是推动我们表达愤怒的元素，当我们经历愤怒情绪时，这种情绪的体验会令我们积极地做出行动来消除障碍，以达成目标。

表达愤怒的方式可以有很多种，有人会冲动地做出攻击行为，有人会坚定而有建设性地沟通，而有些人则纯粹进行没有意义的宣泄。人在盛怒时，做出肢体上或言语上的攻击也很常见。

例如，部门经理收到不合心意的计划书，他便在其他同事面前责骂那名下属，甚至可能用粗鄙的言辞来表达自己的不满。下属因为接收到对方的愤怒反应而做出恰当的应对——认真地重写计划书。

## 身心痛楚迁怒他人

有时候，我们生气并不是因为别人做错事或者某人特别讨厌，试想一下患有慢性疼痛的患者，他们的身体痛楚和沮丧的心情，都有机会触碰他们愤怒情绪的爆发点。

又如被经理当众责骂的那位下属，也满怀愤慨，加上长时间加班修改计划书，使她本身就存在的肩颈痛更加严重，因此触发了她的愤怒情绪。回家后，丈夫见到她，一心想帮她按摩来慰劳她，但她却因被丈夫按到痛处而大怒，冲动地迁怒于丈夫。

事实上，患有慢性疼痛的人，很容易因为痛楚而迁怒于相关的人，如医护人员和身边亲近的人。妻子因为经历身体的痛楚，把这些痛楚归咎于丈夫没有能力分担家庭的经济支出，以致她不得不委屈地做一份既辛劳又受气的工作，并积劳成疾。最后，妻子的愤怒情绪加剧了她身体的痛楚，形成恶性循环。

## 对自己感到生气

就认知评价及行动倾向而言，人也有可能生自己的气。如果一个人觉得自己便是阻碍实现目标的障碍物，便会对自己感到愤怒。

当丈夫与肩颈痛发作的妻子吵架后，他痛恨自己无法让妻子过安稳舒适的生活，所以感到很愤怒。他驾车时沉溺在自责之中，一不留神竟酿成交通意外。

在日常生活中，有些人会为自己无法达成目标，而在言语上责怪自己或者做出攻击性的行为，如捶打自己的头、踢垃圾桶、把东西砸在地上等,这些都是生自己气的表现。

我们知道愤怒对人类有重要的演化作用,但如果愤怒时没有做出恰当的适应性行动,那么这种情绪会为我们带来极大的负面影响。

# ↴愤怒的偏差

愤怒有可能会造成遗留效应（Carryover Effect），令人容易对处境或事情做出归因判断，这与其他负面情绪，如悲伤和恐惧的影响有所不同。

在一项研究中，部分参与者首先被故意触怒，然后被要求判断一件负面事情的起因。被触怒的参与者，倾向于认为事情是由人为因素而非环境因素造成，即有人需要为事件承担责任。然而，这种怪罪他人的倾向是不健康的，因为如果当事人认为自己的目标无法实现是别人的过错并感到愤怒，那么他会更加怪罪别人，然后感到更加愤怒，最后形成恶性循环。

假设部门经理本身就是一个容易动怒的人，当他看过下属写得不太好的计划书后，可能会因此触发他的愤怒反应，从而影响他的归因判断。由于经理认为计划书写得不好会致使他失去晋升机会，而那名下属便是令他无法升职的"罪魁祸首"，因此他怪罪下属，认为她工作态度不好，或者故意陷害自己。事实上，那名下属可能是因为这个月忙于照顾重病的母亲，心力交瘁，才会影响工作表现。

## 易做高风险决定

我们每天都需要做不同的决定，而愤怒这种情绪会影响我们感知自己的控制能力。愤怒情绪会令我们倾向于做出较大风险且能达到最大利益的选择，因为愤怒会提高人对未来的乐观期望，令我们自觉有更强的控制能力和确定性，乃至更容易做出冒险的决定。相比较而言，恐惧情绪让人更为审慎。

例如上文提及的那位丈夫，他与妻子在家里为经济问题大吵一顿，后又遭到对方狠狠的批评，他可能非常痛恨自己没有能力一人承担起家庭的经济开支。他在盛怒之下离家驾车散心，愤怒的情绪令他对自己的驾驶技术更有信心，没留意到道路的情况，他的冒险行为极可能令他导致交通意外。

## 快捷思考容易出错

人在愤怒的时候会希望尽快提高现实环境的确定性，把眼前的事物或处境"修正"，让自己可以重回实现目标的正常轨道。在这个时候，人的思考和决策会倾向于更快捷、省时及简化。因此，当需要深入及有条理地分析事情的全貌时，正感到愤怒的人希望尽快消除令自己愤怒的事物，比起心情平静的人，他判断事情也更容易产生偏差。

说回那位妻子，她在公司被上司羞辱，辛劳工作一整天后带着一身酸痛回家，心力交瘁，令她难以控制愤怒的情绪，因此她较容易以快捷处理模式来思考，并做出有偏见的判断——指责丈夫没有经济能力支撑这个家庭。然而，其实丈夫已努力且尽责地做好丈夫的角色，除了白天上班，下班后还要煮饭、做家务，又帮妻子按摩来慰劳她。可是妻子在盛怒之下，一时间无法分析丈夫赚钱多少其实受很多不同因素的影响，而不是丈夫单凭为家庭付出的意愿所能控制的。

有趣的是，性情上容易出现愤怒情绪的人，在面对愤怒的面孔以及与愤怒相关的信息时，容易产生注意力偏差（Attentional Biases），这些人也会倾向于诠释偏差（Interpretational Biases）。简单来说，他们倾向于留意与愤怒有关的信息，也比较容易觉得别人正在生气，这些因素都会令他们的心情难以平复，有可能形成恶性循环。

假设前文所提的部门经理本身就是一个容易动怒的人，当他面对挫折时很容易变得暴躁，同时令他更留意下属被他责骂时有什么反应。即使下属极力辩解自己花了很多心思去写这份计划书，经理都可能视之为借口。这种想法令他更生气，把下属骂得更狠，将来在工作上也会对她有更多不合理的要求。

# 扑火的三大步骤

怒气攻心，可能会令我们失控而做出高风险或有攻击性的行为，那么，我们究竟应该怎样处理愤怒呢？以下是有效"扑火"的三大步骤。

## （一）先察觉愤怒，后反思原因

在讨论如何有效地管理愤怒情绪前，我们必须先留意自己的愤怒情绪及身体反应。

愤怒情绪是由很多元素组成的：末梢神经反应与脑神经活动、身体感觉、主观感受与体验、认知以及行为倾向。在这些元素之中，我们要留意一些与愤怒反应相关的身体感觉，从而主观地感受自己正经历的愤怒情绪。

此外，如果我们能够留意到自己当下的想法，便有机会找出触发愤怒的源头。愤怒是由于自己实现目标的过程受阻而产生的，找到了愤怒的源头，我们便会知道什么事物对自己是重要的。

被触怒时，我们需要与愤怒带来的身体感觉取得联系，切身感受愤怒。静观练习是提升自我情绪觉察力的一个方法，使我们能够留意自己的愤怒情绪（有关静观练习的内容，可参考前面章节），再加以反思。前文提到的被骂的下属，如果她有较好的自我情绪觉察力，便能知道为何自己会因被上司羞辱一番而很生气，为何会引发若干身体反应，如手震颤、发热、心跳加速等，这些都是她从工作遗留下来的愤怒信号。若她及早留意到自己的愤怒，当丈夫帮她按摩肩膀她感到烦躁时，便能意识到这是源于工作带来的压力。她会冷静地分析自己愤怒的原因，而不会迁怒于丈夫，怪他手法不佳把她弄痛了，更不会引致后来的冲突。

## （二）延迟愤怒为上策

当我们能够在触发愤怒的处境中留意到自己的情绪变化时，下一步就要学习延迟因愤怒而产生的被动性反应（Reactive Responses）。

愤怒会令我们错误地诠释他人和事情。发脾气的同时，判断力也会受到影响，因此，我们可能未仔细考虑后果，已在盛怒下做出反应了。如果想延迟盛怒下做出的反应，我们可以选择暂时离开现场，独自冷静。离开现场后可试做静观练习，体验当下的愤怒感觉。通过切身感受愤怒，使愤怒的感觉逐渐消退，而非不断思虑与愤怒有关的负面想法。

例如，被上司公开责骂的下属，她回到家中，便是一个妻子的角色。如果她回家时留意到自己正为上司的无理责骂而生气，当丈夫按摩时捏痛了她的肩膀时，她可以暂缓反应，先不要痛骂丈夫。这时候，她最好先一个人练习静观，便会发现自己的愤怒并不是直接与丈夫有关。冷静了，把思绪整理好了，她便可以离开独处的房间，与丈夫如常聊天，不受工作压力的困扰。

## （三）冷静评估，坚定表达

感到愤怒时，我们很容易以批判的角度去评价他人与当下的处境，也会倾向于把阻碍自己实现目标的起因归咎于他人，而忽略环境因素的影响。经过切身体验愤怒感及延迟被动性反应后，我们可以稍稍抽离，摆脱批判性偏见，以更多时间和空间去重新评价事件或处境。

看看那位怒气冲冲的妻子，她丈夫为其按摩时捏痛了她的肩膀，但她对愤怒延迟做出反应，冷静后再想，她发现痛楚源于慢性疼痛，并不是丈夫的手法不佳。

另外，如果她对丈夫的好意多一点儿欣赏，丈夫可能对她更体贴，例如帮她准备食物、讲笑话逗她开心，整个晚上的气氛也会截然不同。

有时，其他人的过错阻碍了我们实现目标，我们会选择压抑愤怒，但这种方法会令愤怒堆积起来而没有被解决。未被化解的愤怒，令我们常常思虑别人的过错，继而可能采取一些不恰当的行为来应对，无法有建设性地处理问题。

疲累的妻子责怪丈夫捏痛了她，一气之下数落对方赚钱太少，这令丈夫感到非常愤怒。丈夫在盛怒之下，无法理智地处理自己的愤怒情绪，也无法建设性地处理与妻子的冲突。相反，他压抑愤怒，责怪自己无能，最后愤而离家，驾车在公路上飞驰，结果酿成交通悲剧。

如果别人犯错阻碍了我们达成目标,当愤怒逐渐消退后,我们可以选择以坚定的态度向对方表达想法,这样比一味压抑要好。坚定地表达愤怒有3个步骤:第一,形容对方做过的事情;第二,表达自己对对方所做的事情有何感受;第三,表明对方可以怎样补偿。

想想上文那位丈夫,他切身感受到愤怒情绪,愤怒延迟后,再做认知重评,理解妻子当时十分劳累而且受慢性疼痛困扰,他的心情应可稍为平复。如果他认为妻子破坏了当晚原本平静而温馨的气氛,便应以上述3个步骤坚定地向对方表达他的不快。二人能心平气和地沟通,妻子也会发现自己把对上司的愤怒错误地迁移于丈夫身上。

## 愤怒=推动力 vs 破坏力

人们普遍认为愤怒是一种"坏"的情绪,这可能是因为我们在日常生活中看见别人生气时不受控制,做出破坏性行为。

事实上,愤怒的作用是让我们知道自己的目标正受到干扰,而我们要做出行动来除去这些干扰。愤怒也可以是一种推动力，令我们有动力去对抗生活里的不公平与障碍。

如果没有适当的技巧去管理愤怒，我们很容易被愤怒"挟持"，带来非自己所愿的后果。相反，如果我们学会了适当而且有效的技巧，便能够以坚定的态度表达愤怒，消除障碍，继续向着目标进发。

第
八
章

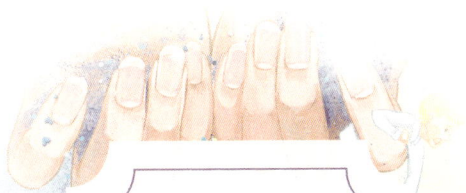

悲 伤

沉着反思 VS 沉溺抑郁

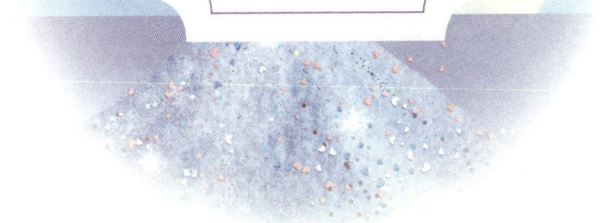

亘古以来，人类都把快乐视为价值最高的情绪。人的一生营营役役，追求财富、名利、健康等，这些通通都是快乐的化身。既然我们以此为终身目标，便很自然地想避免不同于快乐的情绪，特别是令我们非常难受的悲伤感。

然而，一辈子都幸福快乐，肯定是不可能的。苦涩的时刻，总会占据着人生若干部分，并且不可分割。

试想一下，你自己悲伤的时候，会有什么行为表现？而悲伤感对生而为人的我们，又有什么好处？我们应该怎样处理悲伤呢？

# 为何悲伤?

悲伤令人变得意志消沉、悲观、郁闷,但假如悲伤只有负面意义,人类为什么会演化出这种情绪呢?

## 失去重要的人或事

事实上,悲伤很多时候都是源于"失去",如失去挚爱,给予我们的伤痛非常大。有一名妇人本与丈夫以及一对孪生女儿过着十分甜蜜幸福的生活,然而一场交通意外夺去了丈夫的生命,留下那位妇人和那对年纪尚幼的孪生女儿相依为命。妇人在办妥丈夫的身后事后,仍无法摆脱失去挚爱的哀伤,常常没精打采,对周边的事物都失去了兴趣。她的脑海中曾经闪过轻生的念头,可是她想到一对女儿还需要她的照顾,便马上打消了此念头。其他亲友知道她们很不容易重新适应生活的转变,所以纷纷主动提供协助。经过一段日子,那名妇人终于渐渐走出丧夫的阴霾,重拾笑容。

当人面对"失去"的时候，悲伤这种情绪有助于我们重新评估目前的处境和目标，推动我们按照情况做出相应行动。此外，一些悲伤的外在表现，如哭泣，或能吸引重要的人给予关注，并给我们关怀与支持，从而帮助我们逐步接受"失去"，面对现实。

当我们失去重要的人或事物时，陷入一片愁云惨雾，变得意志消沉，其实这可以让我们保留力量和资源来应对损失，以免不切实际地追求遥不可及的目标。

## 挫败带来的悲伤

悲伤除了源于失去重要的人或事物，也可能是因为我们遭受了挫败。有一位在香港最大会计师事务所工作的年轻会计师，近日因公司"重整架构"而被辞退了。那位年轻人一开始无法接受这个事实，因为他在大学一直成绩优异，而且自入职以来表现都很理想，人人都说他"前途一片光明"。结果今天，他被裁员了，他非常伤心，什么都不想做。

　　他母亲见他每天窝在家里不务正业，实在看不下去，所以常常叫他去找工作，或和朋友聚会。然而，他什么都不想做，也不知道自己可以做什么，更不想和朋友见面成为他们的笑柄。失去了"高薪厚职"的光环，他的自尊心一下子也被打垮了，自觉什么都不是。虽然很难过，但他不想向母亲表达感受和想法，因此母亲也无法了解他难过的心情。

　　这位年轻人的人生本来是一帆风顺的，但在毫无征兆的情况下失去了这份他引以为傲的工作，他觉得失败了，"青年才俊"的身份也被一朝粉碎。而失业已有一个月了，他每天都没有动力，既不去找新工作，也不去见朋友，这都说明了他正处于抑郁的状态，仍然在为失去工作而伤感。

　　不过，如果他于伤感中冷静地重新评估目前的处境和目标，他就能凭借坚毅不屈的心志，加上家人和朋友的支持，逐渐走出阴霾，并分析过往导致失败的因素，重新整理和装备自己。假以时日，他可以用较恰当的方法再次运用他的力量与资源，勇往直前觅得另一份理想工作。

## 引起照顾者的关心

你有没有想过，当我们伤心难过时，我们的大脑里会发生什么？

我们先来研究"失去"如何触发悲伤感。相比从新闻报道中获悉一个陌生人于车祸中丧生的消息，亲人离世给我们的感受截然不同。陌生人遭遇不测，我们会为他感到难过、惋惜，但不太可能揪心流泪、意志消沉。因此，痛失挚爱所带来的悲伤是建立于我们对这位挚爱原本的依附程度的。即使只是一个襁褓中的婴儿，当他与主要照顾者分开时，他也会很自然地大哭来回应这样的社交分离（Social Separation）。

脑神经学家雅克·潘克塞普（Jaak Panksepp）与露西·比文（Lucy Biven）在2012年提出，我们的大脑有一个悲伤系统（Grief System），当失去挚爱而伤心的时候便会启动。有研究指出，当人经历悲伤的时候，脑内的前扣带皮层[1]、丘脑背内侧核（Dorsomedial Nucleus of Thalamus）[2]、中脑导水管周围灰质以及小脑（Cerebellum）[3]都会变得活跃。

脑部的这个悲伤系统有两种表现形式：第一，当面对分离或损失的时候，哀伤系统会令我们感到伤心，从而引起其他人的关注及支持；第二，当我们与挚爱重聚、重新建立关系，或与其他人建立新的依附关系时，痛苦便会渐渐消退，我们会重获舒适与安全感。当我们有舒适和安全的感觉时，大脑其实正在释放一系列化学物，如内源性阿片样物质（Endogenous Opioid）[4]及催产素（Oxytocin）[5]。

从演化的角度来看，悲伤系统中的悲伤感是孩童一种很重要的求生条件。当我们小时候与主要照顾者分离而感到缺乏安全感和不安时，悲伤的第一种表现形式——哭泣，可以引起重要的人的注意。主要照顾者重新关注，便可以疏解我们内心的不快，并让我们感受到爱之所在。

研究发现，相比起年轻时，我们长大后的悲伤系统变得较为迟钝。因为青春期令体内的性激素上升，导致悲伤系统的敏感度降低。我们以常理也可推断，孩童步入青春期后，他们不再非常依赖主要照顾者，因此悲伤系统的功用也因此消减。进入成年阶段后，面对失去挚爱，我们的悲伤系统仍然会启动。

现在我们知道悲伤有特别的演化作用，但这种情绪会对我们的心理有益处吗？

# 悲伤时更少犯错?

有不少生意人都喜欢在较轻松的社交场合谈生意,例如在打高尔夫球或者用餐的时候。原来,人的情绪状态会影响其思维模式,换言之,人处于正面情绪与负面情绪时会有不同的思考模式。

## 负面情绪下更努力思考

人在正面情绪的影响下,会倾向于用较省时省力的思考模式,也会更依赖本身已有的知识及可便捷获取的信息来做出判断;在负面情绪的影响下,则会倾向于比较费力的思考模式,对现实的情况做出详细分析,并基于多角度的理据做出判断。不过愤怒除外,因为愤怒是一种推动的情绪,和快乐一样与脑内左额叶皮层活动有关,所以当我们感到愤怒时,也会倾向于用较省时省力的思考模式。

因此，在轻松的社交场合中，例如在打高尔夫球或者出席酒会时，生意人会更容易达成交易协议。相反地，如果生意人的心情不好，他会比较倾向于进入另一种信息处理的模式，更留心目前最新、不熟悉的信息并据此做出判断。故此，他在这个时候不太可能接纳基于便捷思考信息的建议。

由于受负面情绪影响的人倾向于运用调节处理，所以会较少犯下基本归因错误（Fundamental Attribution Error），不易得出他人的行为出于人为因素多于环境因素的推断。例如上文提到的妇人，因为丧夫之痛使她极度伤心，如果朋友没出席她丈夫的丧礼的话，悲伤情绪会令她倾向于觉得朋友是出于环境因素而不能出席，例如临时要工作或生病了，而非因为个人意愿不出现。

## 判断力比快乐时高

处于负面情绪的人，比较不易受常见的判断性偏见（Judgmental Biases）影响，如"光环效应"及"初始效应"。

忧伤的人不太容易受"光环效应"的影响而判断外表好

看的人性格也好,但正面情绪的人却刚好相反。

处于负面情绪的人在做判断前多会考虑得比较周全,不易像处于正面情绪的人——他们受"初始效应"影响,只基于一些早期信息而形成初步印象进行判断,而忽略了往后的相关信息。以那名失业青年为例,如果他听母亲的话出外逛街、购物,由于他的心情不好,即使售货员推销得再卖力、店铺装修得再好看,也完全不能吸引他买一些不需要的东西。另外,由于他失业后感到很难过,在看招聘广告找新工作的时候,会认真仔细地考虑新工作的条件才去应聘。

按照前文所言,处于负面情绪的人倾向于运用调节处理的模式,会留意环境周边的相关信息,因此,他们较易察觉他人的欺诈行为,变得比较多疑,不太容易把错误的信息当真。

虽然悲伤情绪对于我们处理信息和做出判断有相当的好处,不过,长期的悲伤极可能会影响到我们的日常生活。如果没有适当的策略去应对失去或者失败所带来的悲伤,则很容易成为长期问题,甚至演变成抑郁症。

# 如何把悲伤当作养分？

当我们失去挚爱或者遭受挫折时，难免会感到悲伤。这种情绪的功用是让我们重新评估眼前的处境，并相应地分配力量和资源来应对问题。而值得一提的是，其实表达伤感也可以让重要的人知道我们此刻需要支援。

因此，感到悲伤时，我们应接纳自己的悲伤情绪，而不需要判别这是好事还是坏事。

## 设定独处疗伤期

一般情况下，我们在悲伤时希望能够独处一阵子，不必勉强自己出席社交场合、朋友聚会。首先为自己设定一个独处的时限，体验一下悲伤带来的内心感受，留意自己的呼吸，以及与悲伤相关的身体感觉。同时，要留意自己的想法，以及与悲伤有关的影像，例如离世亲人的容貌，或者与他相处的回忆片段。在可以控制的程度和环境下，容许自己因为伤心而哭泣，不要批评或过分压抑自己情感的宣泄。

人对于负面情绪，特别是悲伤情绪，往往有负面的看法。有些人在失去重要的人和事物，或者遭遇失败而伤心时，会批评自己软弱、无能。然而自我批评可能会加剧悲伤情绪，也会使抑郁的心情延续得更久。

要想避免自我论断和自我批评，可以尝试把悲伤视为一种因为损失自然而生的情绪反应，以开放的态度拥抱它、接纳它。

若我们能够用冷静的态度经历当下的悲伤情绪，这段经历和感受会慢慢沉淀。当事人可能会发现悲伤的感觉会慢慢地平息，例如丧夫的妇人容许自己为失去丈夫而哀痛，反倒比拒绝面对的心态更健康、更易于复原。

学习拥抱悲伤，需要培养定期练习静观呼吸的习惯（简单的静观练习可以重温前文）。

## 重新评价损失与挫败

有时候，在面对损失和挫败时，我们可能会负面地评价当下的处境。例如失业青年失去了高薪厚职，他视之为自己的失败，甚至怀疑自己是否有能力当会计师，也担心其他人觉得他没用而疏远他。他的负面想法，部分由于他被悲伤情绪"挟持"了，令他不能客观理智地思考。他首先要做的是切身感受自己的悲伤，让这种情绪慢慢地自然消失；摆脱忧郁后，他才能有清晰的头脑去客观地重新评价现时的处境，再考虑自己的事业发展。

一般而言，情绪低落的人会倾向于注意负面的信息多于正面或中性的信息。首先与自己的情绪体验接触，走出负面评价的阴影，头脑恢复清醒后，这时可能会察觉到自己是从一个负面的角度来看待事物的。一旦有了这样的想法，便可以尝试从其他角度去看事物。

例如失业青年被公司辞退后，他以开放的态度去接纳现状，接纳

自己的悲伤情绪，然后开始领悟到被解雇受很多因素影响，如经济不景气、公司不得不缩减规模、管理层内斗等，而不等于他是一个失败者。

思考的角度拓宽了，心情便会豁然开朗，他也可以趁这段时间好好休息，养精蓄锐重新出发。这些客观的事实让那位青年知道，他并没有之前所想的那么差劲，而他的朋友也没有看不起他、疏远他。

## 参与疗愈活动，重夺"掌控感"

当我们伤心难过的时候，会很自然地觉得没活力和意愿去做任何事情。当我们接纳悲伤后，负面情绪逐渐消退，这时可尝试参与一些令自己愉快或者可以抚慰心灵的活动。

每个人喜欢、感兴趣的活动都不一样，开始的时候，可先选择一些以前很喜欢的活动，这不需要花很多时间。随后逐渐增加次数和时间，增加投入感以及对该项活动的掌控感，这样渐渐消除失败感。例如做一些轻松的运动，从中寻找乐趣，再进一步获得掌控感和信心，这样，怀疑自己的负面想法也会日渐淡化。

以丧夫的妇人为例，她在夜里看着旧照片缅怀丈夫的时候会因为思念和伤感而落泪，这时她可以一面泡澡一面聆听柔和的音乐，暂时放松心情。当她觉得孤单或难过的时候，也可以打电话给好朋友倾诉，以得到情感的支援，并建立更紧密的社交联系，舒缓压力。这些方法让当事人无须太费劲便可以得到愉快的经历和慰藉，去按摩或者美容也会有同样的效果。

如果当事人希望从活动中得到掌控感，可以选择一些需要付出较多时间或者心思的活动，如弹琴、拼搭模型等。刚开始的时候活动的难度不要定得太高，确保是在自己能力范围内，然后再慢慢增加难度。请记住，不要给自己制定太多要求把自己逼得太紧，最重要的是在过程中获得愉快和安慰。

## 接纳及理解面对的问题

当以上这些策略成功地令当事人走出低谷后，他对于眼前处境的诠释便不会只是负面的了，而是能够从多角度去理解。

当人们不再受忧郁的心情重重缠绕时，便会开始分析，是不是有一些问题需要解决。首先，我们要理解和接受自己正面对的问题。有时候，人们会很难接受自己有问题这个事实，因为觉得这样代表自己不够好。例如那个失业的青年，之前接受不了自己没有得到上司的信任，以致在公司调整时失业的事实。为了解决这个问题，他应接受他平时没花很多时间建立良好人际关系的事实。

当了解和接受自己的问题后，便自然会为问题思考不同的解决方法，然后评估各种方法的可行性和效益。那位青年若在待业期间了解到自己的人际关系欠佳这个问题，他可能会报读一些改善人际关系的课程，又或者建立不同的社交平台等。当他比较过这些方法后，便能选出他认为最好的方法了。

有时候，我们实行了这些解决方法后，仍需继续评估结果，并在有需要的时候做出相应的调整。

## 勿让长期悲伤变成抑郁

我们在处理悲伤情绪的过程中,可能需要身边重要的人提供社交支援。有些人可能会认为向他人求助是软弱的表现,但有勇气承认自己需要并寻求他人的协助,这才是坚强的表现。

妇人丧夫后,她的确很需要别人的援助,例如别人的安慰、与他人倾诉,以及她在外工作养家的时候,也需要亲友帮忙照顾一对孪生女儿。她从这些社交支援中,得到别人的安慰和安全感,让她感受到即使失去丈夫,她也不是孤身一人苟活于世。在身边的人的支持下,她可以逐渐走出悲痛。如果没有这些社交支援,她必定要花很长的时间,才能从悲伤中恢复过来。

有时悲伤会维持很长时间,而单靠我们自己和身边的人都无法消解这种情绪,这个时候便应向专业人士求助。心理医生或辅导员提供

的心理治疗可以帮助人们处理长期的悲伤。如果有人情绪低落了好一阵子，这是患上抑郁症的征兆，也许需要考虑由精神科医生提供治疗。

## 趁悲伤慢下来休息

就以上所论，我们明白了悲伤并不是软弱的表现；人类的悲伤有着重要的演化作用。在面对失去了重要的人或事物，或面对挫折时，我们可以趁着悲伤令自己慢下来，重新评估当下的目标，然后相应地改变生活状况。

其实悲伤的情绪有时可以令我们不受正面情绪带来的认知或信息处理上的偏见影响，如基本归因错误、初始效应和光环效应。

每个人的一生必定会遇到不同的挫折和风浪，为此感到悲伤也很正常；但如果我们不接纳、不拥抱悲伤，便不可能有效地处理和化解这种情绪。只有接纳悲伤，与之共存，才可以活出圆满的人生，以积极的态度面对未来的挑战。

# 拥抱情绪化的自己

相信读者看过前面的章节后，都会明白拥有多种丰富的情绪是我们生而为人的天赋。人的本性会使我们感受到快乐、恐惧、焦虑、自卑、嫉妒、吃醋、愤怒和悲伤等不同的情绪。

一直以来，大部分人都认为快乐和积极的情绪才有价值和意义，不属此类的情绪便都是负面的、没用的。事实上，所有的情绪对于人类的演化都有重大的作用，所以无论我们怎样逃避某些情绪，都是徒劳无功的。

## 情绪的重大作用

看看各种情绪是如何推动人类进步的：

我们觉得快乐的时候，会变得更有创意、有活力及有韧性。

在可怕的处境下，我们会感到恐惧，以激发"战斗—逃跑"反应。

我们焦虑时，会更加警觉潜在的威胁或危机，并适时动用资源来应对。

如果我们嫉妒他人，这说明自己正与他人进行社会比较，从而激发竞争的动力，去达到生活的目标。

因为吃醋而酸溜溜的感觉，令我们知道自己非常重视的人与我们的"竞争者"越来越亲密，推动我们努力去挽回关系。

当愤怒爆发时，代表我们迈向目标的进程被阻挠，因此我们需要想方设法消除障碍。

面对损失和挫败，我们会感到悲伤，于是，我们便知道是时候重新评估目标，并做出相应的改变去适应新的情境了。哭泣或其他的悲伤反应可以帮助我们获取别人的同情，继而使对方伸出援手，协助我们面对损失与挫折。

## 过度情绪的危害

当然，如果我们被任何一种情绪过分控制，绝不是一件好事：过度快乐会令我们乐极生悲，处于一种轻狂的快感状态，可能会大大影响我们的判断力；过度的愤怒也会"挟持"

我们的理智，使我们冲动地做出侵略行为，等到恢复理智时便后悔莫及了。

正因如此，有效地管理情绪便是一门很重要的学问。我们既要留意情绪带来的信号，又要令自己不受情绪操纵。笔者希望大家从本书学到的一些有效的适应性方法，无须到达临床层面，也可以加以运用来管理好自己的情绪。

不过，如果发现自己已经被某一种情绪缠绕了好长一段时间，挥之不去，最妥当的做法还是寻求专业人士的意见和治疗。当你发现自己或者身边的人持续表现得情绪低落，对任何事情都提不起兴趣，而安慰和协助也不见有起色时，这已响起了抑郁症的警报，并需要专业人士介入了。

## 察觉情绪才可找出对策

关于管理情绪的策略，首先是要能够以包容接纳、不加批判的态度，主动察觉到情绪的存在以及情绪带来的身体感觉、想法，等等。

学习拥抱情绪，与之同在，接纳情绪的存在以及自己拥有不同情绪的事实，并切身体验情绪所带来的一切，都是很重要的窍门。静观是其中一个最有效提升自我情绪觉察力的方法。通过定期练习静观，如静坐（Sitting Meditation）、身体扫描（Body Scan）等，学习与我们每一天的情绪相处。而静观其实并不单纯是一个帮助我们管理情绪的技巧，还是一种生活态度。

当我们能够与自己的情绪联系起来，便可以退后一步，从一个更广阔的角度去留意情绪带给我们的信号。只有把情绪控制在一个自己足以应付的范围内，我们才有空间运用冷静客观的头脑，好好地评估现状，然后判断自己对外界的理解是否符合现实，再选择最适合的方法来应对。

再举一个例子：如果认为有人刻意阻挠我们实现目标，那么我们应该坚定地向对方说出我们的顾虑和期望。处理不同的情绪需要运用不同的策略，若我们可以成功察觉到自己的情绪，随后要找出应对策略就不难了。

有些情绪虽然令我们觉得不舒服，但想想它们赋予的意义吧。既然我们知道无法逃避任何情绪的出现，便无须责怪自己"情绪化"。唯有拥抱它，方可以接纳，活出圆满的人生，这才是我们生而为人的情怀。

那么，让我们一起学习，爱上情绪化的自己吧！

## 第一章:快乐

1.脑内有多个快乐热点,其中有些位于伏隔核与腹侧苍白球(Ventral Pallidum),以及前脑(Forebrain)、皮层及边缘系统。

2.阿片样物质能通过中枢神经系统的阿片样物质受体(Opioid Receptor)产生止痛作用。

3.多巴胺是一种脑神经传递物质,在大脑中按不同的路径游走,而其中一个路径与奖励系统有关。当人进行了一些奖励行为后,大脑会分泌多巴胺,使人产生快乐的感觉。

## 第二章:恐惧

1.杏仁核的形状似杏仁,属于边缘系统的一部分,位于大脑颞叶的内侧深处、海马体（Hippocampus）的末端，连接丘脑及大脑皮层（Cerebral Cortex）等部位，负责与情绪相关的记忆、反应，也协助决策。

2.杏仁核的外侧核负责接收感官信息，然后把具有威胁性的信息传送到中央核，并学习恐惧制约及引发制约反应。

3.丘脑位于脑干（Brain Stem）之上、大脑皮层之下，负责接收各种感官信息（不包括嗅觉）并把它们传送到大脑皮层的不同区域，负责调节意识，控制睡眠和觉醒。

4.杏仁核的中央核负责把信息传送到大脑皮层各部分，并引发自动的与情绪相关的身体反应，如心跳、呼吸加快等。

5.交感神经系统是自主神经系统（Autonomic Nervous System）的一部分，不受意志控制。在面对压力时，交感神经系统会调节身体的适应机制，如心跳、呼吸、汗腺等，并做出相应的"逃跑—战斗"反应。

6.下丘脑是边缘系统的一部分，位于丘脑的下方，负责调节某部分的代谢过程以及自主神经系统的活动，如控制体温、饥饿与口渴感、依附行为、睡眠等。

7.额叶是最接近额头、体积最大的大脑皮层部分，主要负责控制人类多种非常重要的认知能力，如情绪表达、困难解决、语言等。

8.前额叶皮层位于额叶的前部、额头的正后方,负责较高的执行能力,包括抽象思考、分析、专注力、记忆等。

## 第三章:焦虑

1.前扣带皮层位于额叶的下方、胼胝体(Corpus Callosum)(连接左右脑的白质带)的上方,负责不同的心理活动,包括决策、控制冲动与调节情绪。

2.前额叶皮层的腹侧区域位于额叶皮层的最末端,负责处理风险、决策,抑制由杏仁核引发的情绪反应以及评估道德。

## 第六章:吃醋

1.中脑导水管周围灰质位于中脑的顶端,在刺激下会释放神经传递物,暂缓痛感传达到大脑皮层及前扣带皮层等相关位置,也可帮助调节防卫行为与松弛状态。

## 第七章:愤怒

1.颞叶是大脑的其中一叶,位置大约在耳朵附近,负责处理视觉与听觉信息和记忆、语言理解、情绪、面部识别等。

第八章:悲伤

1.前扣带皮层位于前额叶内侧,负责调节情绪、学习与记忆。

2.丘脑背内侧核是丘脑很大的核心部分,会把信息传送到前额叶。

3.小脑是一个独立的脑组织,位于大脑的后下方,对于调节肌肉活动非常重要,也负责注意力、语言、调节情绪等功能。

4.内源性阿片样物质是一种由人体制造的化学物质,有类似麻醉剂的止痛作用,也与奖励系统、成瘾问题、调节压力和情绪有关。

5.催产素是一种神经传递物,是促进生产和哺乳过程很重要的物质。催产素又称为"爱情激素",当人拥抱和接吻的时候,催产素会上升,有助于减轻压力和舒缓疼痛。

参考文献

## 第一章：快乐

Carrico, A. W. (2014). Positive emotion: The sirens' song of substance use and the trojan horse for recovery from addiction. In J. Gruber, & J. T. Moskowitz (Ed.), Positive Emotion: *Integrating the Light Sides and Dark Sides.*New York: Oxford University Press.

Ford, B. Q. & Mauss, I. B. (2014). The paradoxical effects of pursuing positive emotion: when and why wanting to feel happy backfires. In J. Gruber, & J. T. Moskowitz (Ed.), *Positive Emotion: Integrating the Light Sides and Dark Sides*. New York: Oxford University Press.

Forgas, J. P. (2011a). Can negative affect eliminate the power of first impressions? Affective influences on primarcy and recency effects in impression formation. *Journal of Experimental Social Psychology*,47, 425-429.

Forgas, J. P. (2014). On the downside of feeling good. In J. Gruber, & J. T. Moskowitz (Ed.), *Positive Emotion: Integrating the Light Sides and Dark Sides*. New York: Oxford University Press.

Mauss, I. B., Tamir, M., Anderson, C. L. & Savino, N. S. (2011). Can seeking happiness make people happy? Paradoxical effect of valuing happiness. Emotion. Advance Online Publication. doi: 10.1037//a0022010.

Robinson, T. E., & Berridge, K. C. (2000). The psychology and neurobiology of addiction: an incentive-sensitization view. Addiction, 95 Suppl 2, S91-S117.

Seligman, M. (2011). *Flourish: A visionary new understanding of happiness and well-being (1st Free Press hardcover ed.).* New York: Free Press.

Schirmer, A. (2015). *Emotion.* Sage: California, USA.

Schooler, J. W., Ariely, D. & Loewenstein, G. (2003). The pursuit and assessment of happiness can be self-defeating. In J. C. I. Broca (Ed.), *The Psychology of Economic Decision* (Vol. Rathionality and Well-being, pp. 41-71). Oxford: Oxford University Press.

Turowski, T.K., Man, V. Y. & Cunningham, W. A. (2014). Positive emotion and the brain. In *Positive Emotion: integrating the light sides and dark sides.* Edited by Gruber, J. & Moskowitz, J. T. Oxford University Press: New York.

## 第二章：恐惧

Canteras, N. S., Resstel, L. B., Bertoglio, L. J., Carobrez, A. P., & Guimaraes, F. S. (2010). Neuroanatomy of anxiety. *In Behavioral*

*Neurobiology of Anxiety and Its Treatment*. Edited by Stein, M. B. B., & Steckler, T. Springer: Heidelberg.

Kabat-Zinn, J. (2012). *Mindfulness for Beginners: Reclaiming the Present Moment and Your Life*. Sounds True: Colorado.

LeDoux, J. (1996). *The Emotional Brain: The Mysterious Underpinnings of Emotional Life*. Penguin books: New York.

LeDoux, J. (2014). Coming to terms with fear. *Proceedings of the National Academy of Sciences (PNAS)*, 111 (8), 2871-2878.

LeDoux, J. (2015). *Anxious: Using the Brain to Understand and Treat Fear and Anxiety*. Penguin books: New York.

## 第三章：焦虑

Behar, E., DiMarco, I. D., Hekler, E. B., Mohlman, J., & Staples, A. M. (2009). Current theoretical models of generalized anxiety disorder (GAD): conceptual review and treatment implications. *Journal of Anxiety Disorders*, 23, 1011-1023.

DeBoer L., Powers M., Utschig, A., Otto, M., and Smits, J. (2012). Exploring exercise as an avenue for the treatment of anxiety disorders. *Expert Review of Neurotherapeutics*, 12, 1011-1022.

Dugas, M. J., Buhr, K., & Ladouceur, R. (2004). The role of intolerance of uncertainty in etiology and maintenance. In: R. G. Heimberg, C. L. Turk, & D. S. Mennin (Eds.), *Generalized anxiety disorder: advances in research and practice. New York: Guilford.*

Hoehn-Saric, R., Lee, J. S., McLeod, D. R., & Wong, D. F. (2005). Effect of worry on regional cerebral blood flow in nonanxious subjects. *Psychiatry Research*, 140(3), 259-269.

Jacobson, E. (1938). *Progressive Relaxation*. Chicago: University of Chicago Press.

Perna, G., Sangiorgio, E., Torti, T., & Caldirola, D. (2014). Neuroimaging in generalized anxiety disorder (GAD). In: R. Guglielmo, L. Janiri, & G Pozzi (Eds.), *New Perspectives in Generalized Anxiety Disorder: Psychiatry–Theory, Application and Treatment*. New York: Nova Publishers.

Pittman, C. M., & Karle, E. M. (2015). *Rewire Your Anxious Brain: how to use the neuroscience of fear to end anxiety, panic & worry*. Canada: New Harbinger.

Wells, A. (2005). The metacognitive model of GAD: assessment of meta-worry and relationship with DSM-IV generalized anxiety disorder. *Cognitive Therapy and Research*, 29, 107-121.

Yoo, S., Gujar, N., Hu, P., Jolesz, F. A., & Walker, M. P. (2007). The human emotional brain without sleep: a prefrontal amygdala disconnect. *Current Biology*, 17, 877-878.

## 第四章：自卑

Egan, S. J., Piek, J. P., Dyck, M. J., Rees, C. S. (2007). The role of dichotomous thinking and rigidity in perfectionism. *Behaviour Research and Therapy*, 45, 1813-1822.

Egan, S. J., Piek, J. P., Dyck M. J., Rees, C. S., Hagger, M. S. (2013). A clinical investigation of motivation to change standards and cognitions about failure in perfectionism. *Behavioural and Cognitive Psychotherapy*, 41, 565-578.

Shafran, R., Egan, S., Wade, T. (2010). Overcoming Perfectionism: *A Self-help Guide Using Cognitive Behavioral Techniques*. London: Robinson.

Stein, H. T. (2013). *Classical Adlerian Depth Psychotherapy Volume I–Theory and Practice: A Socratic Approach to Democratic Living*. Washington: The Alfred Adler Institute of Northwestern Washington.

Stoeber, J., Sherry, S. B., Nealis, L. J. (2015). Multidimensional perfectionism and narcissism: grandiose or vulnerable? *Personality and Individual Differences*, 80, 85-90.

## 第五章：嫉妒

Alicke, M. D. & Zell, E. (2008). Social comparison and envy. In Smith, R. H. (Eds.). *Envy: Theory and Research*. Oxford: Oxford University Press.

Exline, J. J. & Zell A. L. (2008). Antidotes to envy: a conceptual framework. In Smith, R. H. (Eds.). *Envy: Theory and Research*. Oxford: Oxford University Press.

Hill, S. E. & Buss, D. M. (2008). The evolutionary psychology of envy. In Smith, R. H. (Eds.). *Envy: Theory and Research.* Oxford: Oxford University Press.

Leach, C. W. (2008). Envy, inferiority and injustice: three bases of anger about inequality. In Smith, R. H. (Eds.). *Envy: Theory and Research.* Oxford: Oxford University Press.

Neff, K. (2011). *Self-compassion: Stop Beating Yourself Up and Leave Insecurity Behind.* New York: Harper Collins.

Parrott, W. G. (1991). The emotional experience of envy and jealousy. In Salovey, P. (Eds.). *The Psychology of Jealousy and Envy.* New York: The Guilford Press.

Powell, C. A J., Smith, R. H., & Schurtz, D. R. (2008). Schadenfreude caused by an envied person's pain. In Smith, R. H. (Eds.). *Envy: Theory and Research.* Oxford: Oxford University Press.

Smith, R. H., Combs, D. J. Y. & Thielke, S. M. (2008). Envy and the challenges to good health. In Smith, R. H. (Eds.). *Envy: Theory and Research.* Oxford: Oxford University Press.

## 第六章：吃醋

Harris, C. R. & Darby, R. S. (2013). Jealousy in adulthood. In Hart, S. L. & Legerstee, M. (Eds). *Handbook of Jealousy: Theory, Research, and Multidisciplinary Approaches.* Oxford: Blackwell Publishing.

Markova, G., Stieben, J. & Legerstee, M. (2013). Neural structures of jealousy: infants' experience of social exclusion with caregivers and peers. In Hart, S. L. & Legerstee, M. (Eds). *Handbook of Jealousy: Theory, Research, and Multidiciplinary Approaches.* Oxford: Blackwell Publishing.

Parrott, W. G. (1991). The emotional experiences of envy and jealousy. In Salovey, P. (Eds). *The Psychology of Jealousy and Envy.* New York: The Guilford Press.

Wallin, D. J. (2007). *Attachment in Psychotherapy.* New York: The Guilford Press.

（日）冈田尊司.依恋障碍：为何我们总是无法好好爱人，好好爱自己？[M].邱香凝，译，台北：联合文学出版社，2016.

## 第七章：愤怒

Fernandez, E., & Wasan, A. (2010). The anger of pain sufferers: attributions to agents and appraisals of wrongdoings. In Petegal, M., Stemmler, G., & Spielberger, C. (Eds) *International Handbook of Anger: Constituent and Concomitant Biological, Psychological, and Social Processes.* New York: Springer.

Grafman, J., Schwab, K., Warden, D., Pridgen, A., Brown, H. R., & Salazar, A. M. (1996). Frontal lobe injuries, violence and aggression: a report of the Vietnam head injury study. *Neurology*, 46, 1231-1238.

Lewis, M. (2010). The development of anger. In Petegal, M.,

Stemmler, G., & Spielberger, C. (Eds) *International Handbook of Anger: Constituent and Concomitant Biological, Psychological, and Social Processes*. New York: Springer.

Litvak, P. M., Lerner, J. S., Tiedens, L. Z. & Shonk, K. (2010). Fuel in the fire: how anger impacts judgment and decision-making. In Petegal, M., Stemmler, G., & Spielberger, C. (Eds) *International Handbook of Anger: Constituent and Concomitant Biological, Psychological, and Social Processes*. New York: Springer.

Potegal, M., & Stemmler, G. (2010). Constructing a neurology of anger. In Petegal, M., Stemmler, G., & Spielberger, C. (Eds) *International Handbook of Anger: Constituent and Concomitant Biological, Psychological, and Social Processes*. New York: Springer.

Schultz, D., Grodack, A., & Izard, C. E. (2010). State and trait anger, fear, and social information. In Petegal, M., Stemmler, G., & Spielberger, C. (Eds) *International Handbook of Anger: Constituent and Concomitant Biological, Psychological, and Social Processes*. New York: Springer.

Wranik, T., & Scherer, K. R. (2010). Why do I get angry? A componential appraisal approach. In Petegal, M., Stemmler, G., & Spielberger, C. *(Eds) International Handbook of Anger: Constituent and Concomitant Biological, Psychological, and Social Processes*. New York: Springer.

## 第八章：悲伤

Forgas, J. P. (2014). Can sadness be good for you? In Parrott, W. G. (Eds). *The Positive Side of Negative Emotions*. New York: Guilford Press.

Panksepp, J. & Biven, L. (2012). *The Archaelogy of The Mind: Neuroevolutionary Origins of Human Emotions*. New York: W. W. Norton & Company.

Webb, C. A. & Pizzagalli, D. A. (2016). Sadness and depression. In Barrett, L. F., Lewis, M. & Haviland-Jones, J. M. (Eds). *Handbook of Emotions, (Fourth Editions)*. New York: Guilford Press.

陈皓宜

香港大学临床心理学博士、香港心理学会
临床心理学组的注册临床心理学家、香港
精神健康基金会及再生会精神健康资源中
心荣誉顾问，对治疗精神病及辅导各种心
理问题都具有丰富的临床经验。

图书策划 _ 简策博文　策划编辑 _ 兰忘川　责任编辑 _ 杜丙玉
特约编辑 _ 王玉春　营销编辑 _ 李荣荣　朱子叶　装帧设计 _ 园里

情绪各有功能，是正还是反，关键在于你是否懂得
调节情绪！如果情绪走上极端，正能量的快乐，也
会乐极生悲；如果适度，各种"负面情绪"都可以成
为令你成长的"正面力量"。

上架建议 心理自助

ISBN 978-7-5143-8915-9

9 787514 389159 >

定价:46.00元